KB077598

사는 데
꼭 필요한
101가지 물건

Original Japanese title:
FUYASU MINIMALIST

Copyright ⓒ 2021 Minami Fujioka
Original Japanese edition published by Kanki Publishing Inc
Korean translation rights arranged with Kanki Publishing Inc
through The English Agency (Japan) Ltd. and Danny Hong Agency.

다 버려봐야 진짜 원하는 것이
무엇인지를 안다

사는 데
꼭 필요한
101가지 물건

후지오카 미나미 지음 | 이소담 옮김

이 책은 심오한 정리 비법을 전수하는 책도 아니고 미니멀리스트가 되자고 권유하는 책도 아닙니다. 비유하자면 무인도에 살면서 인간다움을 되찾은 100일간의 기록, 대충 이런 겁니다. 아, 무인도에 간 건 아니에요. 사실 계속 집에 있었으니까요.

계속 집에 머물며 해본 서바이벌 도전. 소지품 제로로 시작해 하루에 1개씩 도구를 꺼내는 생활을 100일간 해보았어요. '100일 동안 100가지로 100퍼센트 행복찾기'라는 영화에 추천사를 써달라는 의뢰를 받은 것이 계기였죠.

평소에 저는 주로 작가, 라디오 진행자, 다큐멘터리 영화 프로듀서로 일하는데요. 가끔 영화나 책에 관한 감상문이나 소개글을 쓰는 일이 들어옵니다. '100일 동안 100가지로 100퍼센트 행복찾기'는 마찬가지로 하나씩 도구를 늘리는 삶을 다룬 다큐멘터리 '마이 스터프'를 영화로 만든 작품이에요. 두 주인공이 그런 생활을 누가 더 오래 할 수 있는지 경쟁하는 이야기입니다.

그래요. 도구가 늘어나면 편해지리라 예상했는데 대결로 번질 만큼 의외로 혹독한 지구전이었어요. 하지만 영화에서 느낀 감상은 '해보고 싶어!'라는 욕구였어요. 추천사만 써달라는 의뢰였는데 말이죠. 의외로 뭐든 해보고 싶어 근질거리는 성격이어서 숟가락을 구부리는 시도를 해본 적도 있고, 선사시대에 감명을 받아 직접 토기를 만들어 본 적도 있어요. 슈퍼에서 팔지 않는 채소를 파종해다 키운 적도 있고요.

사실 우리 집은 심플라이프와는 아주 거리가 먼 상태였어요. 국자만 다른 종류로 8개나 갖고 있고, 10년 전 사놓은 옷은 버리지도 못하고, 괴상한 가면만 잔뜩 모아둔 서랍도 있어요. 그런 제가 물건 없는 생활을 버틸 리 없었죠.

도전을 시작한 시기는 2020년 늦여름이었어요. 코로나의 영향으로 업무 대부분이 비대면으로 전환되었고, 그렇게 좋아하는 여행도 못 가는 상황이 되었습니다. 점차 폐쇄감을 느끼는 날이 늘었어요. 자극을 받으러 밖에 나가지 못하니까 대신 관심의 화살을 집으로 돌려보면 좋겠다고 생각했어요. 결론부터 말하면, 제 직감이 옳았습니다. 100일간의 심플라이프는 내면의 모험이라고 해도 좋을 만큼 뜻깊은 체험이었어요.

영화에서는 집에 있는 모든 물건을 창고에 두고 가지러 가는 시스템이었는데, 그건 너무 힘드니까 저는 자택과 별개로 집을 빌려 도전했습니다. 인터넷을 통해 실시간 보고를 해야 하는 일련의 사정과 가족에게 미칠 영향도 고려하지 않을 수 없었죠. 또 알몸으로 시작하는 것은 비현실적이라는 판단에 속옷과 기본 옷, 콘택트렌즈, 마스크와 소독제 등의 초기 장비는 카운트하지 않았습니다.

이렇게만 해도 난이도가 제법 낮아졌다고 믿었지만 이불이나 식 칼 같은 기본 도구 없는 생활은 고난의 연속임이 분명했습니다. 인생 을 초기화하고 레벨 0부터 시작하는 것처럼 강렬하고 신선했어요.

[규칙]

- 하루에 딱 1개의 물건만 꺼낼 수 있다.
- 음식물 구입은 괜찮지만 조미료는 카운트한다.
- 전기, 가스, 수도 등의 기본 시설은 사용 가능하다.
- 필요한 초기 장비를 최소한으로 설정한다.
- 기간은 조건 없이 단 100일로 한다.

이번 도전을 통해 당연하게 여겼던 일상이 전복될 때도 있었고, 어 떻게 이런 사실을 여태 모르고 살았나 놀랄 때도 있었어요. 태어나 처 음으로 산다는 건 무엇인지에 대해 생각했습니다. 단순히 살아남는 것과는 달랐어요.

예를 들면….

- 냉장고의 또 다른 이름은 타임머신이었다.
- 필수품이 없는데도 9일째 책이 갖고 싶어졌다.
- 의외로 필요 없던 물건은 전기밥솥과 지갑이었다.

– 세탁기의 중요 기능은 '세탁'이 아니라 '탈수'였다.

– 아무것도 없는 방에서 보내는 1시간은 4시간과 같다.

이렇게 무모한 도전은 잃어버린 감성이 되살아나고 시간이 본래의 흐름을 찾는 100일간의 여행이었어요.

1부는 1일째부터 100일째까지 매일 어떤 물건을 택하고 어떻게 지냈는지에 대한 기록입니다. 2부에서는 100일간 물건과 살면서 깨달은 감상과 소회를 100가지로 정리해봤어요.

"여러분도 꼭 한번 해보세요!"라고 가볍게 권할 수는 없는 도전이지만, 제 이야기를 통해 삶을 재발견하는 감각을 함께 느껴주시면 좋겠습니다.

1부 100일간의 물건 선택법
하루에 하나씩 늘려간 마음의 목록들

2부 100일간의 물건 발견법
마침내 깨달은 생활의 윤곽과 물건의 가치

'의복'의 발견
입어보기, 탈의하기, 세탁하기

'음식'의 발견
요리하기, 식사하기, 담아내기

'주거'의 발견
비우기, 꾸미기, 살아가기

'시간'의 발견
늘리기, 줄이기, 느끼기

'청결'의 발견
샤워하기, 화장하기, 청소하기

'일'의 발견
마음먹기, 정리하기, 해결하기

'재미'의 발견
음악 듣기, TV 보기, 감상하기

'독서'의 발견
선택하기, 독서하기, 소장하기

'사물'의 발견
고르기, 줄이기, 깨닫기

1부

100일간의 물건 선택법

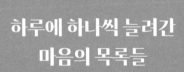

하루에 하나씩 늘려간
마음의 목록들

1 _{일째}

이불

마침내 오늘이 오고야 말았다. 어디 한번 해보자고 결심했을 때는 가벼운 마음이었는데, 막상 도전하려고 장만한 방에 오자 아무것도 없는 적막이 두려웠다. '진짜 텅 비었잖아. 이런 곳에서 어떻게 살아?' 무심코 텅 빈 방에 "으아, 어쩌지"라는 말이 메아리쳤다.

1일째는 이불을 선택했다. 어떤 의미에서는 내 인생 가장 중요한 물건이 이불이라고 깨달은 순간이다. 바닥에 계속 앉아 있었더니 반나절 만에 엉덩이가 사망했다. 이 상태로는 밤이 되어도 잘 수 없을 것 같았다.

이불을 개키면 소파가 된다. 아무것도 없는 방에 이불만 있다니. 왠지 독방에 갇힌 느낌이다. 하지만 결과적으로 만족스러운 선택이었다. 앉아 있든 누워 있든 확실한 휴식을 맛볼 수 있다. 그런데 업무나 집안일을 마치면 자유 시간에 할 일이 없다. 시계가 없으니 자꾸 몇 시인지 신경이 쓰였다. 수행하러 절간에 온 기분이다.

원하는 물건이 너무 많았다. 뭘 하고 싶어도 도구가 필요했다. 특히 다양한 기능을 가진 스마트폰이 없으니 따분해 미칠 지경이었다. '스마트폰아, 너를 미칠 듯이 원해.' 그러나 스마트폰을 금세 손에 넣으면 이 수행의 참모습을 놓칠 것 같다. 그리고 깨달은 또 1가지. '물건이 없는 나는 텅 비었구나…'

칫솔

만약 여기가 무인도였다면 두 번째 물건으로 칫솔을 고르지 않았을 것이다. 그러나 나는 무인도가 아니라 사회 속에 살고 있다. 칫솔이 없으면 입속을 넘어 기분까지 텁텁하다. 이를 닦지 않고 생활하는 나를 도저히 용납하지 못하겠다.

하루 만에 칫솔을 손에 넣자, 양치하는 시간이 흥분되었다. "이 몸이! 지금부터! 이 닦을 권리를! 행사하시겠다!" 콧김을 뿜으며 세면대로 간다. 밥을 먹은 후는 매번 설레었다.

"설마? 이를 닦을 시간인가! 두구두구두구!"

운동화

오늘은 반드시 수건을 가져오려고 했는데, 기상하자마자 가족이 공원에 놀러 가자고 해서 어쩔 수 없이 운동화를 선택했다. 어차피 필요했던 물건이다. 하얀 운동화는 어떤 옷과도 궁합 60점 이상은 보증해 주는 것 같다.

넓은 공원에 갔더니 도토리가 잔뜩 생겼다. 소지품은 거의 없는데 도토리만 넘치는 상태라니. 3일째에 선사시대 사람이 된 듯했다. 공원에 갈 수 있었던 건 신발을 얻은 덕분이다. 신발이 없으면 내가 존재할 수 있는 세계는 집뿐이다.

그나저나 수건이 없어 괴롭다. 목욕을 마치면 점프해 물을 떨구고 개처럼 머리를 마구 털어야 했다. 머리가 짧아 그나마 다행이긴 한데 아무리 물기를 쥐어짜도 등으로 몇 방울 흘러내리니 기분이 나쁘다. 이번에 또 하나 알았다. 세수하고 얼굴을 닦지 못하면 어쩐지 비참해진다는 사실을. 얼굴이 젖어 있으면 힘이 나지 않는다. 그래도 비교적 금방 물기가 마르는 계절이라 다행이었다. 스마트폰도 오락거리도 없는 방에 홀로 있으면 1시간 만에 깨달음이 찾아올 것 같다. 잠자는 것 말고는 딱히 할 일이 없다.

목욕 타월

'얼굴도 머리도 전부 닦을 수 있어!' 닦을 수 있는 기쁨, 갈망해 마지않던 수건. 평소에는 샤워 후에도 페이스타월 하나로 해결했으면서 흥분이 몰아친 나머지 목욕 타월을 선택했다. 그래도 잘 개키면 베개도 되고 추울 때는 담요도 되니까 유용했다.

베개, 사실 갖고 싶다. 첫날은 베개가 없어도 될 것 같았는데 한밤중에 나도 모르게 베개를 찾고 있지 뭔가. 그래도 요즘 으슬으슬 추워진 터라 살짝 덮을 게 생겨서 기쁘다. 머리부터 뒤집어썼을 때 느껴지는 안도감에 주목하고 싶다. 인간에게는 분명 '천에 폭 감싸이고 싶은' 타고난 욕구가 있다.

후드원피스

목욕 타월을 덮고 잤는데도 한밤중에는 추워서, 내일은 무슨 일이 있어도 더 따뜻한 옷이 필요하겠다고 생각했다.

올해 초 옷가게에서 산 톤다운 핑크 후드원피스. 마음에 쏙 든다. 후드도 있고 주머니도 있다니 한마디로 기능성 대박이다. 양쪽에 주머니까지 달렸으니 작은 가방 하나를 얻은 셈이다. 지금 내게는 과분할 정도다. 그런데 넣을 물건이 없는걸. 도토리라도 넣어야 하나? 아무튼 원피스 하나만 있으면 완벽해지는 점이 기쁘다.

그러나 곧 빨래에 문제가 생긴다. 후드 원피스가 은근히 두꺼워 물기를 짜는 것도 힘들고 잘 마르지 않는 것이다. 초기 장비인 원피스티셔츠를 손빨래해서 말릴 때도 주름이 져서 곤란했다. 내 기술이 부족한 탓이겠지만 이 옷을 계속 손빨래하다가는 그대로 망가질 것만 같다. 머지않아 가까운 미래에는 세탁기를 선택하게 되지 않을까 싶다.

맥북

'비대면 친척 모임'이 있어서 컴퓨터를 봉인 해제했다. 안 그래도 슬슬 이날들을 기록해두고 싶었는데 마침 잘됐다.

비대면 친척 모임이 무엇인가 하면, 올해 오본(매년 양력 8월 15일 일본 의 전통 명절 - 옮긴이) 때 조부모님 집에 모이기 어려우니 자체적으로 개 발한 '비대면 오봉'의 속편이다. 일전에도 나름대로 즐거웠으니 달에 한 번 꼴로 해보기로 했다. 여럿이 모이기 어려운 코로나 시국에 인터 넷이라도 있어 정말 다행이다.

컴퓨터를 획득하자마자 갑자기 책상이 갖고 싶어졌다. 물건이 물 건을 부른다니까. 원래 컴퓨터로 인터넷을 하는 습관은 없으니까 앞 으로도 잘 조절할 수 있다고 믿고 싶다. 조금 더 스마트폰 없는 감각, 마음 차분한 감각을 느끼고 싶다.

손톱깎이

심야에 벌어진 한심한 사고였다. 베개는 없어도 괜찮다고 제법 여유를 부렸는데, 밤에 문득 자다가 손을 더듬어 베개를 찾는다. 머리 위로 손을 휘적거린 다음 '맞아, 심플라이프였지' 깨닫고 다시 한번 잠이 든다.

그런 동작을 몇 번인가 반복하다 결국 벽에 손을 부딪쳐 엄지손톱이 조금 깨졌다. 겉보기에는 그냥저냥 멀끔한데 당사자로서는 무시할 수 없는 종류의 아픔이다. 갑자기 시인이자 비평가인 호무라 히로시의 단가가 떠오른다.

> '머리 한 올이 입안에 들어왔을 뿐인데 어찌 세상이 이토록 끔찍할 수 있는가.'
>
> -《나의 단가 노트》, 호무라 히로시

손톱이 깨지거나 살이 쓸리는 사소한 일에 쉽게 절망하고, 그런 일에 절망하는 자신에게 또다시 절망한다.

날짜가 바뀌고 얼마 되지도 않았는데 오늘 물건은 손톱깎이로 정했다. '끄으응….' 여러 개가 가능한 스마트폰도 1개로 치는데 겨우 손톱깎이 따위가 1개라니 왠지 억울하다. 10일에 한 번 깎는다고 치면 100일 중 열 번은 쓰겠네. 발톱도 합치면 스무 번이다. 스무 번은 어쩐지 대단하다. 과연 손과 발을 따로 셀 필요가 있을까.

담요

'어라, 갑자기 추워졌잖아.' 가을을 얕봤다. 이럴 땐 불가항력으로 담요가 답이다. 어제에 이어 필요에 떠밀려 물건을 꺼내야 했다.

담요는 좋다. 촉감도 따뜻하고 보들보들하다. 담요 한 장만 있으면 마음이 차분해진다. 게다가 이건 세탁기에 그냥 넣고 빨아도 되는 제품이다. '아, 물론. 세탁기는 아직 없지만.'

100일간 오직 100개의 물건을 손에 넣을 수 있다면, 이렇게 필수불가결한 물건을 아슬아슬 꺼내는 것만으로도 마음이 벅차지는 않을까. 불안해졌다.

《독서일기》*

저질렀다. 괜찮을까 걱정하면서 저질렀다. 냄비도 샴푸도 세탁기도 없는데 먼저 책을 얻고야 말았다. 손톱이 부러졌으니 손톱깎이, 날씨가 추워졌으니 담요. 자유롭게 고르지 못한 날이 이틀간 이어진 반작용도 있었다. 100개의 물건이라는 상한선이 있는 한, 몇 권씩 꺼낼 수는 없어 무조건 두꺼운 책으로 골랐다. 1,100쪽, 베개로도 쓸 수 있는 두께. 막상 이런 상황이 되었으니 내게 독서가 어떤 의미인지 다시금 생각해보고 싶다.

책이 없으면 불안하겠다고 짐작은 했다. 그런데 이 생활을 하고 처음 책을 얻었을 때의 기쁨은 기대를 훨씬 웃돌았다. 조금 놀랐다. 낮에 만 두 살배기 아이와 있을 때 그랬다. 아이가 65피스짜리 퍼즐에 집중하거나 자동차 장난감을 늘어놓는 동안 책을 펼친다. 최고다. 마음에 창이 열리며 바람이 스미는 기분. 고작 5분이라도 마음이 편해

* 《독서일기》, 아쿠쓰 다카시

하루에 하나씩 늘려간
마음의 목록들

진다. 스마트폰과 TV가 없는 방대한 밤의 시간도, 이 책으로 무無의
수행이 아닌 것이 되는 셈이다.

바디워시

드디어 고양이 세수에서 졸업한다. 바디워시는 샴푸, 목욕 비누, 클렌징폼의 3가지 역할을 해내는 우수한 물건이다. 100일간의 생활에서 적어도 3일분의 가치는 있다. 린스나 드라이어를 쓸 수 없으니까 한동안 짧은 머리는 졸업하지 못하겠다.

목욕을 마치자 이전과 달리 "나는 지금 반짝반짝해요!"라는 감각을 생생히 느낀다. 거품으로 씻을 수 있다니 기쁘다. 씻는 행위는 자신을 소중히 여기는 매일의 의식 같다.

세탁기

손빨래로 어찌어찌 버텼는데 도톰한 후드원피스는 물기를 짜느라 고생이었다. 세탁기는 세탁 능력도 대단하지만 탈수 능력도 빼어나다. 건조까지 마친 빨래가 어찌나 따끈따끈한지 꺼낼 때마다 무한한 애정을 느낀다. 세탁기가 나를 사랑해준다. 더러워진 옷이 축복받은 옷으로 재탄생하는 것 같아 행복하다.

이 생활을 시작한 후로 무슨 일이 생길 때마다 행복을 느끼는 빈도가 늘었다. '당연함에 감사하라' 같은 표어와는 다른 감각이다. 감사하고 행복해야 한다는 강박관념 없이도 그저 매일이 새로운 기쁨으로 가득하다.

내 생활이, 내 삶이 피상적이지 않다. 아직 최소한의 물건도 갖추기 전이라 여전히 불편함이 우세하다. 실은 미치도록 스마트폰을 원하고 있달까.

냄비

마침내 부엌살림에 통달했다. 다른 때였다면 배달로 음식을 해결해서 편하다고 생각했을 텐데. 10일 정도 지나고 나니 신기하게 요리가 하고 싶어졌다. 요리를 전혀 안 하니까 왠지 임시 생활같이 발이 허공에 뜬 기분이었다.

미야자키제작소에서 나온 스테인리스 편수 냄비. 이 냄비로 수프를 만들면 채소의 감칠맛이 은색 성역 안에서 한 걸음도 도망치지 않는 것 같다. 냄비 하나만 있으면 밥도 지을 수 있다. 어디 한번 당장 해봤다. 오랜만에 밥을 지으니 냄새가 어찌나 좋은지 몸이 사르르 녹아내렸다.

"앗싸, 잘 먹겠습니다!"

힘차게 밥을 먹으려고 하는데 국자도 없고 젓가락도 없다. '아, 그러네.' 음식을 먹을 때나 반찬을 만들 때도 젓가락이 필요하다. 결국 식기를 기다리다 선머슴처럼 주먹밥을 만들어 먹었다.

젓가락

"젓가락이 없어." 냄비가 생기고 난 후의 충격으로 다음 날 곧바로 젓가락을 조달했다.

요리할 때도 쓰고 먹을 때도 쓸 수 있다. 그러고 보니 지금까지 젓가락이라는 도구의 장점을 곰곰이 생각해보지 않았다. 공기 혹은 중력처럼 나에게는 당연한 존재였다.

젓가락이 있으면 뜨거운 음식에 당장 접근할 수 있다. 집거나 섞는 것 같은 세심한 동작도 할 수 있다. 어제는 고생고생 손으로 한 일을 오늘은 젓가락으로 한다. 나는 오늘부로 인류로서 한 걸음 진화했다. '편리해서 무서워.'

식칼

역시 식칼이 없으면 요리하는 느낌이 안 난다. 하나둘 차근차근 부엌 살림을 공략해야지. 그러나 식칼이 있어도 도마가 없으면 무의미하다는 것을 알았다.

모처럼 얻은 식칼을 얼른 써보고 싶어 부엌에서 사과를 깎았다. '으음.' 사과는 귀찮으면 껍질째 먹어도 되니까 어쩐지 감동이 옅다. 껍질이 중간에 끊어지지 않게 집중하다가 아이디어가 번뜩였다.

'우유갑을 펼쳐 도마로 쓰자.' 썩 쓸 만하다. 참고로 왜 갑자기 베이컨을 썰었냐 하면, 베이컨을 구우면 기름이 나오고 소금이 없어도 되니까.

불편이 궁리를 부른다. 궁리가 곧 인간 에너지의 결정체라고 이야기한다면, 편리한 생활은 그런 번뜩임을 내뿜을 기회가 적다는 뜻이다. '불편하면 매일 신선해서 좋네.'

그런 생각에 잠겨 고등어된장통조림으로 토마토 치즈찜을 만들

하루에 하나씩 늘려간
마음의 목록들

었다. 적은 도구로 요리다운 요리를 만들어 만족스러웠다. 앞으로는 한동안 조미료 없이 할 수 있는 요리를 고안해야 한다. 당연히 접시도 갖고 싶다. '불편이… 궁리로….' 그런 건 배고픈 지금 허울 좋은 말일 뿐이다. 그냥 접시가 갖고 싶다.

또 냄비가 하나뿐이라 어울리는 반찬을 만들어도 동시에 먹을 수 없었다. 하는 수 없이 시차를 두고 밥을 지어 토마토 치즈찜의 추억을 되살리며 먹었다.

냉장고

점차 요리가 가능해지자 식자재 보존의 압박이 왔다. 세탁기에 이은 더 큰놈의 등장. 부엌의 거물, 냉장고.

'왠지 특별한 날 같아. 생일 케이크를 먹고 싶어.' 이제는 사 온 아이스크림을 녹기 전에 허둥지둥 먹지 않아도 된다. 유통기한이 오늘까지인 고기도 냉동실에 넣어 수명을 연장할 수 있다. 예시가 시원찮아서 그저 민망할 따름이다.

아무튼 미래의 나를 위해 해줄 수 있는 일이 늘어났다. 가전제품 하나로 생활의 스케일이 단숨에 커졌다. 이제 하루살이 인생이 아니다. '그렇구나, 냉장고는 타임머신이었어.' 아직 소지품이 20개도 안 됐는데 제대로 무적이 된 기분이었다.

하루에 하나씩 늘려간
마음의 목록들

컴퓨터 전원

2020년 봄 이후로 사람을 만나는 일이나 출장이 거의 사라졌다. 반대로 집에서 원고를 쓰거나 작업을 하는 시간은 늘어났다. 컴퓨터가 나의 파트너인 셈이다. 컴퓨터 전원은 말하자면 일과 창작의 스위치일지도 모르겠다. 스마트폰이나 디지털 세계와는 조금 거리를 두더라도 창작의 의욕만큼은 계속 켜두고 싶다.

심플라이프를 시작한 후로 집중력이 높아진 느낌이다. 작업 환경도 갖춰졌다. 의욕의 배터리는 가득한데 컴퓨터 배터리가 먼저 꺼지면 너무 아깝다.

CC크림

맨얼굴로 살아가는 상쾌함을 알았다. 하지만 화상회의가 많아서 얼굴을 어떻게든 해야겠다. 화장품 가운데 가장 먼저 하나를 고른다면 전체적인 잡티를 가려주는 CC크림이 최고다. 피부 전체가 밝아지니까 얼굴에 불이 켜진 것 같다.

이 생활을 시작하기 전까지는 화장에 남들 수준으로 신경을 썼다. 파우더나 하이라이트, 그리고 아이라이너. 이런저런 것을 바르기 전의 얼굴은 너무도 불안정해 보였다. 하지만 최근 들어 얼굴이 달라진 것 같다. 나만 알아차린 차이일 수도 있지만 말이다.

'정신적인 건강이 얼굴로도 나오는 걸까?'

넓은 접시

맛깔나는 반찬 맛을 떠올리자 쌀밥을 먹는 생활을 그만두고 싶었다. 넓은 접시만 있다면 무엇이든 원 플레이트로 담을 수 있다.

　냄비와 식칼, 젓가락과 접시까지 갖추자 비로소 최소한의 요리를 할 수 있게 되었다. 이건 약 5년 전에 소중한 친구로부터 받은 접시다. 하루에 딱 1개만 골라야 하는데 좋아하지도 않는 것을 생활에 도입할 이유는 없다. 그 결과 마음에 드는 물건부터 손에 넣으니 매일이 기쁘고 즐겁다.

　지금까지 소지품 하나하나를 '이건 이래서 얻었고 좋은 점은…' 하는 식으로 애착을 품은 적이 있었던가. 8개나 있던 국자 전부에 그런 감정을 품었을 리 없다. 아니, 소중한 물건일수록 찬장 깊숙이 숨겨놓았다. 그렇게 망가져도 상관없는 호감도 60점짜리 물건을 꾸역꾸역 다루며 살아왔다.

청소기

살다 보면 어쩔 수 없이 지저분해진다. 조리기구 이전에 청소도구를 원하는 사람이 더 많지 않을까. 나는 일단 만드는 쪽에 중점을 두어서 순서가 이렇게 정해졌다.

예전에 모 잡지 인터뷰에서 "바닥에 물건을 두느니 죽는 게 나아요"라는 정리 전문가의 말을 본 적이 있다. 그리고 그 문장을 보고 '그럼 나는 이미 죽었네?' 싶은 생각이 들었다.

지금이라면 조금은 이해한다. 물론 죽는 게 낫다는 부분은 여전히 이해하지 못 한다. 아무것도 없는 방이라면 1분으로 청소가 끝날 것이다. 게을러터진 나는 바닥에 곧잘 물건을 흩트려놓곤 했는데, 그럴수록 방에 아무것도 두지 않아야 몸에 이롭다.

이어폰

가을바람이 심각하게 기분 좋았다. 지금 당장 바람을 들이마시며 이어폰으로 음악을 들어야 한다는 충동에 사로잡혔다. 다른 어떤 생활 필수품보다 필수적인 욕구였다.

나와 음악은 떼려야 뗄 수 없는 사이인데, 이 생활을 한 뒤로 간만에 음악을 들었다. 에어팟 프로는 노이즈 캔슬링 효과 덕분에 음악 몰입감이 엄청나다. 오랜만이라 더 감동적인가.

나는 음악이 없으면 안 된다고 주장해왔지만, 생각해보면 지금까지 다른 일을 하면서 듣는 시간이 압도적으로 많았다. 업무를 하면서, 집안일을 하면서, 산책을 하면서. 진정한 의미에서 음악에 집중하는 순간은 라이브 콘서트를 보러 갔을 때 정도일까. 그 라이브 콘서트마저도 최근 1년쯤은 가지 못했다. 나는 콘서트홀이나 공연장이 음악과 작품에만 집중하는 최고의 시설이라고 생각한다.

'집중'이라는 사치. 멀티태스킹에 익숙해진 현대인에게는 어떤 성스러운 공간이 필요하다.

고교 입시를 준비하던 중학교 3학년 시절, 열심히 공부한 상으로 음악을 들었던 때가 생각난다. 30분간 공부에 집중하면 한 곡을 들어도 좋다, 문제집을 다 풀면 앨범 하나를 들어도 좋다, 이런 식이었다. 설정한 목표에 도달하면 혼자 베란다로 나가 황홀경에 빠져들었다.

그리고 지금, 오랜만에 이어폰을 손에 넣자 그때의 감각이 되살아났다. 인트로부터 가슴이 쿵쿵거리는 참을 수 없는 박자감, 귀로 들어온 멜로디가 손끝까지 채워지는 놀라운 기분. 15세 시절의 귀로 돌아갈 수 있다니 심플라이프의 효과는 진정 대단하다.

주방 세제

아무리 조미료를 쓰지 않고 요리해도 세제 없이 식기를 닦는 것은 어려웠다. 주방용 세제를 얻자마자 나는 아무리 닦아도 깨끗하게 닦지 못했다는 꺼림칙한 기분과 작별할 수 있었다. 이 꺼림칙함은 마음까지도 잡아먹는 녀석이라 일찌감치 해결하길 잘했다. 물로는 잘 떨어지지 않아 설거지 전에 미리 말라붙은 음식물을 떼는 습관이 생겼다. 확실히 그러는 편이 조금 더 친환경적이라 믿고 싶다.

또 손톱을 잘랐다. 7일째에 손톱깎이를 얻었으니 약 14일 만이다. 지금까지 일일이 셈하는 일 없이 막연하게 손톱은 자라는 법이라고 생각해왔다. 그런데 지금 '손톱은 정말 자란다'는 사실을 새롭게 안 기분이다. 고로 나는 살아있다.

스킨

사실은 1일째부터 원했던 것. '부탁해! 20일분까지 적셔주면 안 될까?' 그러나 턱도 없다. 내 피부가 조금 더 민감했다면 2일째에 가져왔을지도 모른다. 다행히 둔감한 피부여서 다른 물건을 우선시했다. '음, 하지만 현미경으로 보면 손상을 입었을지도 몰라.'

　한마디로 몸을 바친 도전이다. 세수 후에 스킨 바르는 일이 오랜 습관이었던 만큼 드디어 얼굴을 씻는 행위가 완성된 기분이다.

방한 레깅스

너무 춥다. 작년 겨울에 만난 브랜드 '모치하다'의 후끈후끈 속옷을 가져왔다. 든든한 속기모 덕에 낚시꾼이나 라이더에게도 인기고, 나도 홋카이도에 촬영을 하러 갈 때면 곧잘 활용한다.

그렇다. 8년간 홋카이도에서 여행 로케를 경험하며 배운 방법이다. 겨울에는 옷을 여러 겹 껴입게 되는데, 제대로 된 속옷을 입으면 덧입을 옷의 수가 줄어든다. 전체적인 수가 줄어들면 움직임이 제법 편해진다. 또 체력적으로나 정신적으로도 덜 지친다.

제대로 된 속옷은 물건의 수가 한정적인 생활에서도 핵심 물건이 될 것이다. 따뜻하고 움직이기 쉬우니까 스스로가 겨울 버전으로 레벨업한 기분이다. 빨리 방한용 상의도 가져오고 싶다.

스마트폰

마침내 스마트폰 등장. 스마트폰이 있는 생활과 없는 생활은 시간이 흐르는 방식이 전혀 다르다. 앞으로 어느 쪽을 더 소중히 여기고 싶은 지를 충분히 고민했기에 마침내 잠들어 있던 스마트폰을 봉인 해제 했다. 이는 곧 의식적으로 스마트폰과 거리를 두며 생활하고 싶다는 결심과도 같았다. '그런데 아마 굉장히 어렵겠지.'

지금은 스마트폰 없는 시간이 얼마나 귀한지 안다. 하지만 물에 젖 듯이 스마트폰 중독 상태로 돌아갈 것만 같다. 일단은 트위터 앱부터 삭제했다.

밤에는 작은 음량으로 노래를 들으며 마저 남은 《독서일기》를 읽 었다. 스마트폰을 무조건 제한하는 데 집착하기보다 몸과 마음을 더 소중한 일에 바치는 것이 중독에서 벗어나는 길이라는 생각이 들었 다. 그런데 과연 맞을까. 올바른 스마트폰 생활은 오늘도 연구 중이다.

책상

일할 때나 먹을 때나 이젠 한계치다. 책상이 생기자 단숨에 인간다운 생활감이 생겼다. 또 문명 레벨이 상승했다. 인간으로서 반듯해진 기분이다. 몸도 편해졌고, 능률도 나아졌다. 바닥에서 밥을 먹지 않아도 되니 자존감을 지킬 수 있다. 책상은 위대하다.

이날은 공원을 다녀오는 길에 KFC 치킨을 사서 집으로 돌아왔다. 집에 물건이 없어지자 공원의 오락성을 재발견했다. 놀이기구가 있고 없고는 상관없다. 아름다운 잔디, 넓은 부지, 야생 꽃무릇이 훨씬 감동적이다. 모든 순간을 맛본 감각이다. 이대로 생활과 순간에 집중하고 싶다.

식용유

요즘 살면서 KFC를 제일 많이 먹는 것 같다. 시즌 상품으로 보이는 향긋한 '유자 시치미치킨'을 주문한다. 처음에는 유자 시치미치킨을 먹다가 두 번째에 오리지널 치킨을 먹는 흐름이다. 맛은 있지만 포장 음식에 그만 기대고 슬슬 부엌살림을 충실히 채우고 싶다.

식용유가 없는 대로 그럭저럭 시행착오를 거치며 잘해왔지만, 기름이 없으면 어쩐지 요리에 '윤기'나 '색깔'이 부족해 보인다. 기름 없는 요리는 무미… 건조… 하다. 이러니까 KFC만 자꾸 당기지.

기름을 손에 넣었으니 이제 내 세상이다. 뭐든지 과감하게 튀겨줄 테다. 냄비에 달라붙을 걱정도 없다. 손에 잡히는 대로 마구잡이로 튀겨야겠다.

스마트폰 충전 케이블

스마트폰을 봉인 해제하면 금방 중독될 것 같아서 일부러 충전 케이블을 따로 카운트했다. 그때 봤던 영화 '100일 동안 100가지로 100퍼센트 행복찾기'에서도 그랬으니까. 지금까지 배터리가 줄지 않게 찔끔찔끔 아껴 써왔는데 결국 폰이 꺼지는 바람에 케이블을 꺼냈다. 충전 중인 스마트폰이 처음으로 귀여워 보였다. 마치 살아있는 것만 같다.

　이제 언제 어디서든 스마트폰을 쓸 수 있다. 두렵다. 다짐이고 뭐고 만지작거리다 순식간에 시간을 녹여버릴 듯한 공포. 내게 스마트폰은 아직 이른 듯싶다.

소금

그토록 갈망하던 소금이다. 베이컨이나 햄의 염분에 기댄 요리도 질릴 대로 질렸다. 감칠맛만으로는 느끼지 못하는 감칠맛이 있어서, 소금과 세트를 이루어야지만 비로소 감칠맛이 생성된다는 이야기를 들은 적이 있다.

이 기세를 몰아 설탕, 간장, 맛술, 후추, 치킨스톡, 콩소메 가루, 두반장, 라유, 커민, 시치미, 칠리파우더 등을 얻고 싶지만…, 더없는 기회니까 적은 조미료로 할 수 있는 요리를 마음껏 배우고 싶다. 마침 친구가 알려주었다. "아리가 카오루 씨의 레시피는 기본 간을 소금으로 하는 게 많아서 좋아." 어디 한번 알아봐야겠다.

오늘은 소금과 기름만으로 할 수 있는 최고의 반찬, '피망 기름찜'을 만들었다. 지금까지 먹은 그 어떤 피망보다 맛있었다. 이 생활을 시작하기 얼마 전, 이런 레시피를 몇 개쯤 시도해봤는데 그때는 참으로 밋밋하게 느껴졌다. '여전히 내가 모르는 감칠맛이 많구나!' 그래서

일까. 조미료 이전에 재료의 감칠맛부터 표현하는 법을 배우고 싶어
졌다.

《1일 1채소, 오늘의 수프》

도구보다 지식이 필요한 것 같아 29일째에 요리책을 손에 넣었다. 오호라, 친구 말대로 소금 중심으로 맛을 내는 레시피가 많았다.

> "미네스트로네를 대접하면 사람들이 모두 놀라요. 양파, 마늘, 토마토, 양배추처럼 맛이 강한 채소를 볶고 끓여 소금으로 맛을 냈을 뿐인데도요. 고기, 생선, 채소, 건어물, 유제품, 기름, 조미료 등 모든 재료에서 '감칠맛'과 '향'이 나온다는 사실을 알면 콩소메스톡이 그다지 중요하지 않다는 것을 알게 됩니다."
>
> ─《1일 1채소, 오늘의 수프》, 아리가 카오루

'이거야, 이거. 지금 원한 게 바로 이거야.' 알고 싶은 마음이 절정에 다다랐을 때 완벽하게 맞는 것을 손에 넣는 기쁨. 아마 지금이 지식 흡수율의 최정점일 것이다. 하여간 성미가 급해서 각종 생활필수품을 제치고 수프 책을 갖고 싶던 날이었다.

하루에 하나씩 늘려간
마음의 목록들

유리잔

'아, 맞다. 컵이 없지.' 너무도 당연한 존재였기에 컵을 떠올릴 때마다 쓸쓸했다. 어느 정도 생활이 안정된 뒤에야 드디어 컵을 되찾을 수 있었다.

대학생 때, 항상 즐거워 보이는 친구에게 "뭘 할 때 제일 행복하니?"라고 물어본 적이 있다. 그러자 친구가 "아침에 일어나서 물 한 잔 마실 때?"라고 해서 충격을 받았었다. 당시 나에게 행복이란 어떤 수치적 성과 정도 였으니까. 아침에 일어나 고작 물이라니? 이해가 가지 않았다. '물은 아무 맛도 없잖아.'

그러나 지금은 안다. 30일 만에 간신히 손에 넣은 유리잔으로 물을 마시는 순간을 달리 뭐라고 불러야 할까. 요즘은 커튼을 젖히고 닫을 때도 행복하고, 운동화에 묻은 진흙을 털 때도 행복하다. 소소한 행복이라고는 생각하지 않는다. 이것이 인생의 전부다. 여유가 없으면 어쩌면 '지금 이 순간'은 영영 보이지 않는다.

도마

우유갑을 계속 쓰다가는 칼날이 상할 것 같아 도마를 꺼냈다. 나무 도마는 예전부터 사용해보고 싶던 도구로 잘린 채소 단면이 귀엽게 보여서 좋다. 콩콩, 통통, 싹둑. '아아, 역시 손맛이 좋아.' 식칼도 마침 제대로 된 파트너 위에서 진가를 발휘한다고 기뻐하는 것만 같다.

이 도마, 사실 엄청나게 고민하고 조사한 끝에 골랐다. 좋은 물건을 사고 싶은 마음에 초조했고 고르는 동안 스트레스도 받았는데. 역시 충분히 시간을 들인 끝에 산 물건일수록 애착이 샘솟는 것 같다.

방한 내의

아무리 다른 욕구가 있어도 추위는 이기지 못한다. 추위 대책이 급선무다.

레깅스에 이어 방한 내의를 골랐다. 속기모가 두툼해서 한겨울에 얇은 코트 하나로도 다닐 수 있는 따뜻한 내의. 경량성과 보온성을 원하는 내겐 안성맞춤이다. 단순히 옷이 늘었다기보다 드래곤 퀘스트 (일본의 대표적인 RPG 게임 - 옮긴이)에서 용사가 장비를 새로 장만했을 때 같은 기분이다. 방한복은 필수 장비다.

오늘도 손톱을 깎았다. 이번만 세 번째. 대충 10일 전후로 손톱을 깎고 싶어 좀이 쑤시기 시작한다. 손톱을 짧게 자르면 의욕이 샘솟는 정도까지는 아니어도 자른 손톱 몇 밀리미터만큼은 성실한 인간이 된 것 같다. 단정해졌다는 느낌이다.

이 생활도 벌써 1개월이 지났다. 앞으로 손에 넣을 수 있는 물건은 68개다. 아직 부족한 물건이 너무 많다고 느껴짐과 동시에 가질 수 있는 것이 이렇게나 많다니 부자라는 생각도 든다. 이게 부족하니 저게 부족하니 투덜대면서도 지금까지 무사히 살아남았다. 뭔가를 살수 없었던 날은 없었다. 오히려 예전보다 충실하게 산다. 재미있다. 다음 주에는 수프를 만들고 싶다. '추워라.'

수프 볼

29일째 수프 요리책을 얻었다. 지금까지 요리책이라면 궁금한 레시피만 꺼내 사용하는 식으로 활용했는데, 자원이 적은 생활이어서 요리책도 소설처럼 처음부터 끝까지 읽었다. 아직은 책에 적힌 수프의 기본 순서를 머릿속에 곰곰이 입력할 시간이 충분히 있다. 레시피를 얻고 실제 수프를 만들기까지 4일. 생전 해본 적 없는 의식을 치른 기분이다. 만반의 준비를 하고 수프 볼을 꺼내 실천한다.

걸쭉하게 완성된 수프를 조심스럽게 붓는다. 잘 익은 고기 건더기는 물론이고, 감자나 당근 같은 채소가 저항감 없이 기도를 넘어간다.

"음, 어쩜 이렇게 고소하고 부드럽지."

수프는 '회복 마법'이다. 잔뜩 먹고 회복하고 싶을수록 큼지막한 그릇이 좋다. 마침내 아끼는 수프 볼을 꺼냈다. 지금 가진 조미료는 소금과 식용유뿐. 처음으로 만든 수프는 《1일 1채소, 오늘의 수프》에 등장하는 '생강을 넣은 배추 닭고기수프'였다.

녹말을 쓰지도 않았는데 부드럽고 폭신하게 저민 닭고기. 생강 향이 배추라는 배를 타고 수프의 호수를 끝없이 나아간다. 티 없이 맑고 심오한 까닭에 바다가 아닌 호수라 부르고 싶다. 산뜻하면서도 포용력이 있다. 점점 스며든다. 약간의 조미료가 여기까지 데려갈 줄이야.

숟가락

수프에 집중하려면 숟가락이 필수였다. 수프를 둥근 숟가락으로 퍼서 입으로 옮기면 몸 안으로 조심스럽게 들어오는 것이 느껴진다. 숟가락은 수프의 안내자다. 이 동작까지 '수프를 먹는' 행위이다.

큐티폴Cutipol의 숟가락. 지금까지 아끼는 것은 소중히 안에 넣어 두고, 평소에 막 써도 되는 것부터 순서대로 썼다. 그래도 지금의 나는 마음먹고 가장 소중한 것부터 고른다.

클렌징 시트

17일째 되는 날에 CC크림을 얻었으니 사실 이건 18일째 필요했던 물건이다. 화장한 얼굴은 클렌징용품 없이는 잘 지워지지 않는다.

그래도 갖고 싶은 물건이 워낙 많아서 자꾸만 미뤘다. 최대한 화장하는 날을 줄이거나 화장을 하더라도 꼼꼼히 씻었다. 이제야 나는 초기화될 수 있다, 그것도 완벽하게. 클렌징 시트는 얼굴의 초기화 버튼이다.

《그 후로 수프만 생각했다》*

지금 내 상태를 표현해주는 소설이다. 요리책을 구석구석 읽어버려서 읽을 것이 떨어졌으니 또 다른 책을 추가했다. 처음에는 두꺼운 책을 골라야 오래 즐길 수 있다고 생각했는데, 지금 기분에 어울리는 책을 읽고 싶다는 욕망을 막을 수 없었다. 책을 읽어내리는 기쁨은 책을 고르는 데서 시작된다. '그러면 그렇지.' 그날 안에 나는 책을 다 읽고 말았다.

> 예전의 시간은 지금보다 느긋하고 두터웠다. 그것을 '시간의 절약'이라는 미명 아래 아주 잘게 조각내버린 것이 오늘날의 시간이라는 생각이 든다. 문명의 다양한 이기가 문자 그대로 시간을 갈라내일단 무언가를 단축하긴 했지만, 다시금 생각해보면 잘라낸 것은 '느긋했던 시간' 그 자체임이 분명하다.
>
> -《그 후로 수프만 생각했다》, 요시다 아쓰히로

내가 이 생활을 하며 얻은 생각과 겹친다. 지금 읽고 있는 책과 함께 어우러지는 감각, 이것도 독서의 즐거움 중 하나다. 이 책에 적힌 시간론은 어른들을 위한 동화 미하엘 엔데의 《모모》 같은 감각이다. 내가 타임 트레블 전문서점(시간 SF, 고고학, 그림책 등의 작품을 취급하는 이동서점)을 시작한 이유 중 하나도 이렇게 SF적인 요소뿐이 아니라 우리 주변의 시간에 대해 생각해보고 싶어서였다.

* 《그 후로 수프만 생각했다》, 요시다 아쓰히로

오리털 이불

가을비는 차갑다. 집에 있어도 쌀쌀한 기운이 온몸으로 쏟아진다. 추위를 많이 타는 탓에 일찌감치 방한용품을 준비한다. 자꾸 춥다는 소리나 해대질 않나. 거의 모든 물건을 고르는 기준이 '추우니까'가 될 때가 많다. 하지만 춥다는 감각은 건강에 직결되니까 어쩔 수 없다. 살면서 가장 보호해야 할 것은 다름 아닌 목숨이다.

가벼움과 폭신함으로 오리털 이불 이상 가는 것이 세상에 또 있을까. 쌀쌀한 가을밤에 오리털 구름에 싸여 있으면 비가 와도 두렵지 않다. 내가 이 생활을 반복하며 느낀 것은 매일 이보다 더 좋은 것은 세상에 없다는 사실이다.

세탁 세제

선택이 너무 뒷북일까. 그럴지도 모르겠다. 나는 40일이 지나려는 시점에서 기본적인 물건도 아직 모으지 못했다. 이건 아무래도 성격 탓이 크다. 나는 냉정함과 거리가 멀어 한 번에 하나만 생각하느라 그때그때 원하는 것만 선택한다.

그렇게 세탁기를 얻었다. 나는 감동하다 못해 세탁기를 사랑하고 과신하고 숭배하기에 이르렀다. 세탁기만 존재한다면 뭐든 거뜬히 할 수 있으리라 믿었다. 하지만 세제는 필요하다. 오랜만에 썼더니 옷에서 좋은 냄새가 폴폴 난다. 세탁하면 옷이 깨끗해질 뿐 아니라 좋은 향기까지 따라온다니 말도 안 되는 행운이다.

《시행착오에 떠돌다》*

그런데도 또 책을 골랐다. 사실 치약도 갖고 싶은데.

생활 초기 얻은 《독서일기》 속에서 가장 읽고 싶던 책을 골랐다. 바로 《시행착오에 떠돌다》였다. 개인적으로 덩굴줄기처럼 뻗어가는 독서를 좋아한다. 줄기식으로 독서를 하고 싶어서 책을 읽는 면도 있다. 이러면 마치 운명이 눈에 보이는 것같이 기쁘다.

엄청난 기대로 고른 책인데 예상대로 정말 좋았다. 두 페이지당 한 번씩은 접었다. 접은 페이지 바로 다음 페이지를 또 접느라 어딜 접은 건지 알쏭달쏭한 독서. 실로 오래간만이다.

원하는 물건이 자꾸 생긴다는 것은 아직 필요한 물건을 자신도 모른다는 뜻이 아닐까.

* 《시행착오에 떠돌다》, 호사카 가즈시

무쇠 프라이팬

요즘 '감칠맛'을 공부하는 중이다. 그리고 그 결과물로 마이야르 반응의 중요성을 알았다. 마이야르 반응이란, 식품을 가열할 때 아미노산과 당이 변화하는 것으로, 쉽게 말해 색도 맛도 구수해지는 것이다. 그렇다면 먼저 프라이팬이 필요하겠다.

별거 아닌 숙주 볶음도 진수성찬처럼 맛있다. 무쇠 프라이팬은 보물이다. 맛이 전혀 달라져버리니 조미료를 얻었다고 해도 좋겠다.

테플론으로 가공된 프라이팬은 눌어붙지 않아 편리하다. 하지만 몇 개월이나 몇 년에 한 번은 반드시 바꿔야 하는 소모품이다. 한편 무쇠 프라이팬은 관리만 제대로 하면 반영구 상태로 쭉 쓸 수 있다. 오래갈 물건을 고를 때면 우리는 영원히 함께라는 마음으로 새끼손가락을 마주 건다. 도구와도 우정이 싹튼다.

립글로스

이날은 한 극단이 진행하는 유튜브 방송 '시간 SF를 말하는 밤'에 출연할 예정이어서 화장품을 하나 더 늘렸다.

입술색이 조금만 밝아져도 안색이 좋아 보인다. 소중한 친구가 선물해준 립글로스여서 곁에 두기만 해도 부적처럼 기분이 좋아진다. 한마디로 기능성 아이템을 얻었다. 오늘부터 기초 행복도가 매일 립글로스 1개 분량만큼 높아졌다.

필러

'필러', 과연 필수품일까. 물어보면 아무래도 두 번째 단에 놓이지 않을까 싶다. 식칼로도 채소 껍질은 벗길 수 있다. 하지만 시간이 걸려서 되려 스트레스다. 이제 그만 끝내고 싶다. 급한 성격에 쓱싹 처리하고만 싶다.

그러니 두 번째 단 같아도 첫 번째 단에 들어간다. 단이 뭐냐고? 잘은 몰라도 아마도 욕망의 피라미드 같은 것이다. 자신의 기술이나 성격과 대조해서 가장 효율적인 물건을 배치하면 된다.

욕실용 세제

가족과 공용이라고 해서 지금까지 화장실을 청소하지 않은 것은 아니다. 그래서 청소용품도 제대로 셈하기로 했다.

　무인양품은 케이스가 참 좋다. 깨끗하게 청소하고 싶은 감정과 디자인의 방향성이 잘 겹친달까. 그러고 보면 욕실용 세제처럼 '생활감'을 주는 물건도 없다. 여행할 때는 누구도 가져가지 않으니까. 일상과 비일상을 나누는 물건이 바로 욕실용 세제였던 것이다.

나무 주걱

볶음 요리를 할 때 젓가락으로는 뭔가 부족했다. 재료를 굴릴 때나 손에 닿는 반응이 달랐다. 나는 고기나 채소와 좀 더 둥글게 맞닿고 싶다. 그리고 마침내 감각을 되찾았다.

누가 냄비 위에 나무 주걱을 얹어두면 넘치지 않는다고 했다. 요즘 밥을 냄비로 하고 있어 곧바로 실행해봤다. 정확하진 않아도 쌀과 비슷한 양으로 물을 맞추면 맛있는 밥이 지어졌다. 하지만 어쩐지 매번 끓어 넘쳐서 고민이었다. '그런데 와, 진짜로 안 넘치네.'

이렇게 되었으니 밥솥이 필요 없다. 나무 주걱이 점점 더 사랑스럽다. 그런데 이거 나무 주걱 맞나? 질감으로 봐선 대나무 같은데? 내가 쓰는 도구인데 몰라도 너무 모른다. 방금 알아봤더니 대나무였다. 그럼 나무 주걱이라는 이름이 이상하다. '대나무 조리 주걱'이라는 표현이 정확할 듯싶다. 가진 물건에 관한 최소한의 설명이라도 자세히 알아두고 싶다. 아니, 자각해서 건전하게 생활하고 싶다.

잠옷

44일째의 기록은 이렇게 끝이 났다. 요즘 느낀 점인데 나는 생각보다 옷에 집착하지 않는다. '음, 과연 그럴까?' 지금까지 옷을 거의 고르지 않았는데 곧바로 갖고 싶은 옷이 떠올랐다. 바로 잠옷이었다.

2020년도라는 점이 크게 작용했다. 사람을 만날 일이 없으니 예쁜 외출복보다 좋은 잠옷이 소중한 것은 필연적이었다. 중간지점인 50일째가 다가오는데도 옷이 거의 한 종류뿐이었다. 그렇다고 옷에 흥미 없는 사람이라고 결론 내리기도 어쩐지 아쉽다.

아무튼 그런 사항을 무시하고서라도 나는 옷 중에 잠옷을 유난히 좋아한다. 가볍게 떠나고 싶은 여행 가방에도 잠옷만큼은 꼭 집어넣는다. 여관에 비치된 유카타나 비즈니스호텔의 긴 잠옷을 입고서는 못 자겠다. 너무 헐렁하고 앞품이 벌어져 엉망진창이 되기 때문이다.

잠옷이 생겨서 기쁘다. 한편으로 마음이 풍요로워졌다. 올해는 특히나 더 나만의 기분과 속도를 사수해야 한다는 필요성을 느낀다.

국자

이 생활 전에 국자를 8개나 갖고 있었던 내가 46일째가 되어서야 국자 하나를 골랐다. 국자는 딱 1개면 충분하다. 하나만 있으면 세계가 달라진다. 세계는 국자 이전과 이후로 나뉜다.

국물을 뜨는 행위가 이토록 기분 좋을 줄이야. 최근 수프에 빠진 나는 국자로 떠 올린 말간 색을 보면 마음이 기쁘다. '오늘은 아주 맑네', '기름이 반짝거리네', '부드럽고 점성이 있네'. 국자만 있으면 수프와 온종일 대화를 나눌 수 있다. 이렇게 말하면 너무 과한가. 앞으로 유일무이한 국자 하나만을 사랑해야겠다.

스펀지

100일의 여정도 이제 곧 절반이 지나간다. 도구를 위한 도구를 꺼내오기 시작했다. 쓰고 있는 식기나 도구를 잘 관리하고 싶었다. 특히 스펀지는 거품 내기가 특기다. 부들부들한데 힘주어 닦을 수 있고, 모양새도 귀엽게 생겨 참 실용적이다.

　스펀지를 보며 '와, 좋다. 진짜 좋네'라고 생각한 건 이번이 처음이었다. 이렇게 일일이 사랑스러워도 되나. 나는 만족스러운 설거지 끝에 무언가를 관리하는 근본적인 기쁨을 알았다.

공기

쌀밥은 아무 데나 담아도 좋지만 누가 뭐래도 공기와 찰떡궁합이다. 갓 지은 밥을 잘 어울리는 그릇에 담으면 밥도 기쁘고 나도 기쁘다. 이 공기는 중국에서 음식을 덜어 먹을 때 쓰는 그릇을 떠올리며 샀다.

　머그잔이 없으니까 아침에는 커피를 담아 '카페오레 볼'처럼 마실 수 있다. 말하자면 물건은 이름짓기에 달렸다는 뜻이다.

　중국의 덜어 먹는 그릇이란 위와 같은 이미지다. 춘절(중국의 가장 큰 명절인 음력 1월 1일 - 옮긴이) 때 사진이라 그런지 음식이 매우 본격적이다. 평평한 접시는 혼자서는 잘 쓰지 않는다. 오히려 공기 하나면 여러 명이 식사할 때 자리가 부족하지 않아 편리하다.

　참, 소금과 기름으로 만드는 중국요리라면 판치에차오단(토마토 달걀볶음)이 별미다. 아니, 대놓고 밥도둑이다.

밥주걱

숟가락이나 나무 주걱과 비슷하지만 밥주걱을 대신할 수는 없다. '밥주걱, 너만이 할 수 있는 일이 있어.'

　조상 대대로 축적된 이 놀라운 경사면, 그리고 잘록함. 밥이 밥주걱에, 밥주걱이 밥에 달라붙는다. 운명의 연인처럼 만나기 전부터 서로를 애타게 부른다. 진짜 그러진 않겠지만 그런 완벽한 느낌이 있다. 손에 익은 도구를 소유하면 마음이 든든해진다. 인생의 아군이라는 느낌마저 든다.

　밥을 지어놓고도 뜨거워서 푸지 못했던 지난날을 떠올린다. 밥주걱이 있어서 풍요롭다. 도구가 없는 상태가 어떤지 아는 것 또한 인생을 풍요롭게 만드는 기회다.

《Pastel》*

50일째를 기념해 뭔가 특별한 것이 갖고 싶어졌다. 고민한 끝에 화집을 꺼냈다. 화집을 많이 가진 편은 아니다. 그래도 이 파스텔화를 처음 봤을 때 마음이 안식을 찾는 것을 알고 필요성을 느꼈다. 특히 빛의 존재감이 대단했다. 화집을 손에 넣었다기보다 빛을 손에 넣은 감각이었다.

오늘로 100일의 절반이 지났다. 지금까지의 생활을 통해 결국 평온을 지키는 일이 제일 중요하다는 것을 알았다. 그런 이유로 50일째 화집이었다. 지금까지 마음을 지키기 위해 이런 식의 접근을 해본 적이 없었다. 효과는 최고였다.

* 화집《Pastel》, 사카구치 교헤이

올리브유

소금과 기름만으로 가능한 요리를 연구 중이다. 심플라이프와 닮은 꼴이랄까. 올리브유를 추가하면 변화를 줄 것 같아 선택했다. 또 친구가 맛있어 보이는 레시피를 가르쳐줘서 빨리 시도해보고 싶은 마음도 있었다.

수제 토마토소스. 진짜 맛있었다! 이걸로 파스타를 만들어 먹었다. 뜨거울 때 허겁지겁 먹다 보니 죄다 사라진 관계로 파스타 사진은 없다.

오랜만에 만난 올리브유는 섹시했다. 그윽한 향과 미끈한 기름이 식자재에 색기를 부여했다. 부엌에 좋아하는 기름이 있으면 어쩐지 몸도 마음도 윤택해지는 기분이다.

치약

2일째에 칫솔을 얻은 이후로 지금까지 치약 없이 이를 닦았다. 민트로 대충 하고 이런 게 안 되니까 나름대로 꼼꼼하게 닦았다. 그러다 불현듯이 착색하기 쉬운 이로 변하면 어쩌나 두려워졌다. '헉? 이거 위험한데?' 50일 만에 초조함이 밀려왔다.

오랜만의 치약은 스페셜했다. 웨더스 오리지널 사탕 같다. 웨더스 오리지널 사탕은 광고 선전이 인상적인 모리나가제과의 캔디로 원래는 독일 스토크사에서 제조했다. 이런 맛있는 사탕을 받으면 아주 특별한 존재가 된 기분이다. 이제는 내가 반대 역할로 손주에게 사탕을 주는데, 당연히 웨더스 오리지널 사탕이다. 왜냐하면 우리 손주도 특별한 존재니까.

치약으로 이를 닦는 행위는 기가 막힌다. 사랑하지 않는다면 이런 일을 안 할 테니까. '나는 나를 정말 사랑해!'라고 굳이 생각하지 않더라도, 그전부터 나를 사랑한다는 것을 안다. 자기애다.

오늘 만든 심플 조미료 요리는 소금과 레몬을 넣은 '그린 아스파라거스 수프였다.'

　　　　　　　　　　　　－《1일 1채소, 오늘의 수프》, 아리가 카오루

스키니진

이번 주는 슬슬 옷을 보충할 생각에 의욕이 넘친다. 사실 여전히 후드 원피스와 잠옷만 가지고 있었다.

매일 공원에 나가고 있으니 우선 움직이기 쉬운 청바지를 골랐다. 요즘에야 펑퍼짐한 바지가 유행이지만, 나는 딱 붙는 청바지에 몸을 쑤셔 넣었던 세대다. 이 바지, 기동력도 좋다. 공원에서 야트막한 언덕을 뛰어 내려가거나, 나무로 만든 흔들다리에서 엉덩이를 흔들기 좋다. 후드원피스 밑에 입을 수 있는 장점도 있다.

그런데 오랜만에 입었더니 허리가 상당히 조였다. 입을 수야 있는데 숨을 참지 않으면 단추가 잠기지 않는다. '어떻게 된 거지? 방심했네.' 요 2, 3개월 사이에 살이 쪘나 보다. 이 생활을 시작하고 처음 선택에 실패했을까. 그래도 이미 고른 이상 엎어진 물이니 살을 빼는 수밖에 없다.

100개까지만 고를 수 있는데 꽉 낀다고 바지를 더 가져오는 짓은 바보 같다. 내 세계관이 무너진다. 배수의 진이다. 운동을 해야겠다.

후드티

'후드티 너무 좋아.' 아무리 그래도 후드원피스→잠옷→청바지→후드티라니. 그래도 나름대로 열심히 생각한 결과다.

이 일주일, 어떤 옷을 꺼낼지 멍하니 있다가 이왕이면 세탁을 잘 버티는 의류가 좋겠다는 발상에 도달했다. 사실 이 시기에는 보통 스웨터를 입는다. 그러나 매일 드럼세탁기로 스웨터를 빨면 100일째 되는 날 어린이 사이즈가 될 것이다.

흰색은 지저분해질 것 같았지만 그런 식이면 뭐든 마찬가지다. 얼룩이 묻어 엉망이 되면 나중에 표백제를 쓰면 된다. 그게 흰색의 장점이다. 굳이 무리해서 옷을 많이 가지지 않아도, 내가 좋아하는 옷 하나만 있으면 그만이다. 하얀 후드티에는 밝은 힘이 있다. 그 빛을 열심히 지키며 내뽐는 것도 기분 좋은 일이다.

VR 고글

스키니진이 너무 스키니한 사건으로부터 2일째. 얼른 예전 체형으로 돌아가려고 VR 세트를 꺼내왔다. 이 생활을 시작하기 전에 VR 복싱 앱으로 매일 밤 운동을 했다. 버추얼 공간에 있는 넓고 멋진 헬스장에서 게임을 하는 기분으로 땀을 뻘뻘 흘릴 수 있다.

예전에 집에서 30초 거리의 헬스장을 등록한 적이 있는데, 운동복으로 갈아입는 게 귀찮아서 꾸준히 가지 못했다. 집에서 30초 거리라도 사회는 사회, 보는 사람이 없어도 멋을 부리기 마련이다. '이 티셔츠를 입으면 너무 촌스러우려나…?' 일일이 고민이 되었다. 이와 달리 집에 헬스장을 만드는 것은 꽤 괜찮았다. 어쩐지 꾸준히 할 수 있을 것 같다.

스키니진을 무용지물로 만들기 싫다는 이유로 가져온 VR 세트인데 생각지도 못한 대발견이었다. 혹시 이것이야말로 진정한 심플라이프는 아닐까. 아니, 거의 텅 빈 거나 다름없는 방에 사는데 VR 속에 소파, 난로, 조명 뭐든지 있다. 단순한 게임 수준을 떠나 몰입감이 대

하루에 하나씩 늘려간
마음의 목록들

단해서 이 공간에 있으면 푹 쉴 수 있다. 헤드셋을 쓰는 일이 조금 힘들긴 해도 과장된 표현으로 하나의 세계를 손에 넣은 셈이다. 영화관, 유원지, 거리, 게다가 우리가 몰랐던 우주까지 전부 다 있다.

가위

만약 이것이 2주간의 여행이라면 가위는 필요 없다. 하지만 이제 곧 2개월이 지나는 '생활'이기에 자꾸만 필요한 물건도 많아진다. 사실 가위가 없어서 몇 밀리그램만큼 매일 스트레스였다.

가위를 손에 넣고 기쁜 마음에 들떠서 머리카락을 잘랐다. 앞머리뿐 아니라 옆머리와 뒷머리도 잘랐다. 결과는 처참했다. 일단 이렇게 혼자 자르려면 머리카락 전용 가위여야 한다. 게다가 나는 기술도 없다. 얼핏 보면 썩 잘한 것 같은데 자세히 보면 심각했다.

다음 날 아침에 일어나 보니 자다가 헝클어진 꼴이 처참했다. 옆머리가 일동 왼쪽으로 뻗쳐 있었다. 그냥 뻗치는 수준을 넘어 아주 쑥대밭이다. 기술이 없으면 시도조차 하면 안 된다고 주장하려는 게 아니다. 최소한 가위를 손에 넣었다고 해서 능력도 손에 넣은 것은 아니라는 사실을 알리고 싶었다.

하루에 하나씩 늘려간
마음의 목록들

겉옷

추위에 약하다. 한텐(길이가 짧은 일본의 전통 겉옷-옮긴이)처럼 가볍게 입을 수 있는 겉옷을 골랐다. 깃 없는 디자인이 마음에 드는 옷인데, 그래도 고른 이유는 역시 기능성에 있다. 양면으로 입기에는 최적의 물건이었다.

뒤집으면 폭신폭신하다. 가끔은 폭신한 몸이 되는 것이 생각보다 중요하다. 마음에 거스러미가 일거나 가시가 돋더라도 최소한 몸만큼은 폭신폭신한 상태 말이다. 안달복달하더라도 폭신거리는 물체가 안달복달할 뿐이다. 올해는 이상하게 유독 입었을 때 차분해지는 옷이 좋다.

《미노무시 유랑》*

여행을 가고 싶은 마음에 선택한 책. 〈조몬ZINE〉 편집장 모치즈키 씨가 막부 말기부터 메이지 시대에 걸쳐 전국을 유랑한 화가 미노무시 산진을 뒤쫓은 르포르타주다.

토기 인형을 좋아해서 선호하는 것을 찾아 유랑하는 인물에게 100퍼센트 공감한다. 머릿속에 든 호기심 유리잔에 정보 넘치는 소리가 들린다. 콸콸콸콸.

쉽게 여행을 떠나지 못하는 지금, 사람들은 어떻게 욕망을 채울까. 특히 독서는 아주 좋은 방법이다. 집에서도 유랑하는 기쁨을 맛볼 수 있어서다.

---

* 《미노무시 유랑》, 모치즈키 아키히데 글, 다쓰키 마사루 사진

핸드크림

까칠한 기념일이 있다. 바로 어제였다. "준비, 땅!" 소리와 함께 껄끄러운 계절이 시작되었다. 그날 전까지만 해도 괜찮았는데 어느새 건조한 계절이 찾아온 것이다.

핸드크림으로 만든 잼에 손가락을 꽂는 장난꾸러기가 된 기분이다. 향기가 순간을 장식한다. 아로마를 피우고 꽃으로 장식한 마사지숍의 BGM이 들리는 것 같다. 그 정도로 압도적인 힐링 효과가 있다.

일상에 완전히 매몰되는 행위를 핸드크림 하나로 발굴했다. 나를 돌본다는 분명한 느낌이 들어 기쁘다.

드라이어

여름은 몰라도 겨울에는 머리를 바싹 말리는 편이 좋다. 매일 두 살 아이와 공원을 다녀와서 샤워하는 흐름이라, 허둥거리는 수준을 넘어 머리를 말릴 여유가 없었다. '얌전해 졌…나…?' 싶어 보면 아이가 낮잠을 자는 중이라 드라이어 사용이 곤란했다. 그래도 머리가 짧아서 금세 말랐다.

그랬는데. 며칠 전 가위를 얻어 머리카락을 잘랐더니 자고 일어나면 머리 이곳저곳이 눌려 엉망이다. 생활상을 사진으로 남기고 싶어도 머리를 정리하지 않으면 안 될 상황인 것이다.

최소한의 머리 세팅. 머리를 적신 상태로 30초 정도 바람을 쐬고 싶어서 드라이어를 초빙했다. '대단해.' 역시 이 정도만 해줘도 컷팅 실패가 그리 눈에 띄지 않는다. '정상 인간 레벨'이 5단계쯤 올라갔다. 말리는 힘은 위대하다. 드라이어는 나를 살뜰히 돌보는 보호자다.

버터

'버터가 물건에 들어가나?' 조미료를 셈하기로 정했으니까 어쨌든 이 것도 카운트해야겠다. 하지만 버터가 조미료인지 아닌지는 잘 모르 겠다. '식품인가?' 셈한다고 쳐도 조금 이상한데 그렇다고 셈하지 않 으면 치사한 짓 같다.

오늘은 버터를 듬뿍 넣은 수프를 만들고 싶었다. 옥수수수프, 호박 포타주, 양파수프. 가끔은 버터의 진한 맛에 마음껏 의지하고 싶을 때 가 있다. 고열량인 것을 알면서도 말이다. 입으로 섭취하는 즐거움은 마음에도 도달하기 마련이다. 아주 조금은 다정하고 순해진 것 같다.

포크

아직 포크가 없었다. 꺼내기는 했는데 포크 없이도 100일은 살 수 있었을 것 같다. 없으면 큰일 나는 물건을 얻으려는 필사적인 흐름에서 생활을 윤택하게 해주는 물건을 고르는 흐름으로 변하는 과정일지도 모른다. 그래도 필요한 물건이 갑작스레 2개 나타나면 허둥대느라 바쁘다.

파스타를 포크에 말아서 먹는 일상이 즐겁다. 돌돌돌돌, 이 원시적인 기쁨을 4살 이후 처음 맛보다니 행운이다. 뭔가 꽂아 먹을 때도 포크로 하면 고급스럽다. 젓가락으로는 절대 그런 느낌이 나지 않는다. 포크 없이도 100일을 지낼 수 있지만, 포크만이 할 수 있는 행위도 분명 있다. 내 삶에 먹는 능력과 쓰는 기쁨을 바로 이 '포크'라는 문화가 가져다주었다.

간장

적은 재료로 꼼수를 쓰는 시기를 흘려보내자 슬슬 레퍼토리를 늘리
자는 마음이 들었다. 소금과 기름뿐인 상황에 발효식품의 감칠맛을
내려고 간장을 추가했다. 돌이켜보니 순서가 의외다. 이 생활을 하기
전에 예상했던 필수 조미료는 소금 → 설탕 → 식용유 → 간장 → 치킨
스톡 순이었다. 하지만 이 예상은 '산 하면 강!' '소금 하면 설탕!'이라
는 현실감과 동떨어진 것이었다.

　나는 치킨스톡이나 콩소메 가루의 헤비 유저였는데, 2달간 소금
으로만 간을 했더니 이미 조미료가 필요 없었다. 오랜만에 만난 간장
은 역시 하루 이틀 사이로는 내지 못할 깊은 풍미를 만들어주었다.
'간장, 최고로 멋있어.' 처음 느껴보는 감동이었다.

설탕

달콤하고 짭조름한 양념장 만들기를 좋아한다. 간장과 설탕을 섞은 양념은 방어나 돼지고기와 썩 잘 어울린다. 피망과 소고기볶음에도 좋다. 종종 고기를 구운 프라이팬에 간장과 설탕을 넣고 걸쭉해질 때까지 끓이곤 한다.

하지만 달리 말하면, 그때 빼고는 딱히 설탕을 쓸 상황이 떠오르지 않았다. 앞으로 설탕을 어떻게 쓸까. 귀중한 품목 중 하나였는데. 역시 아직도 그런가. '조미료 하면 역시 설탕!'이라는 단순한 의식으로 설탕을 소환해버린 걸까. '음, 이거 큰일이다.'

이번 주는 조미료를 추가하려고 했는데 이런 식이라면 너무 피상적인 판단 같다. 본질이 보이지 않는다. 달콤하고 짭짤한 그 맛을 바란 것은 사실이었지만, 그것이 내 인생에 무엇을 주는지는 알지 못했다.

《필요 최소 레시피》*

무턱대고 조미료를 추가하는 것이 불안해서 이번에 두 번째 요리책을 투입했다. 바로 《필요 최소 레시피》라는 책이다. 물건도 중요하지만 정보도 중요하다. 물건을 소중히 여기기 위해서라도 최대한의 정보가 필요했다.

"먼저 더운물에 소금을 녹여 마시고 미각을 되찾아봐요."

이 책은 이런 이야기부터 하기 때문에 상당히 금욕적이다. 이런 식으로 제로부터 이야기를 시작하는 점, 기본 조미료를 자세하게 알려주는 점이 내게 맞았다. 꼭 조미료에 한한 이야기는 아니다. 요즘 손에 들어오는 물건의 본질을 알고 싶다는 의식이 강렬해질 따름이다.

참고로 이럴 수가. 책에는 아직 설탕이 등장하지 않았다.

* 《필요 최소 레시피》, 시라사키 유코

와인글라스

모처럼의 토요일. 기분이 좋아지는 물건을 추가하려고 이번 생일 여동생에게 받은 이딸라의 와인글라스를 가져왔다. 살짝 사다리꼴로 생겨서 아주 귀엽다. 5년 전쯤 여행지의 호텔에서 비슷한 글라스를 보고 줄곧 동경해왔다. 스토리가 있는 도구와 없는 도구라면, 나는 당연히 있는 도구를 선택하고 싶다.

화이트와인 잔이지만 물이나 맥주를 마실 때가 참 많다. 맥주를 와인글라스로 마시면 마음이 호화로워지는 기분이다. 와인글라스로 한 모금 마실 때마다 "축하해!"라는 소리가 들리는 것 같다. 축복의 아이템. 일상의 행복을 빌고 싶다.

참기름

또 기름이다. 식용유, 올리브유, 참기름. 기름만 늘어난다. 솔직히 욕심껏 말하면 라유도 갖고 싶다. 원하는 조미료는 거의 기름이다. 참기름은 누가 뭐래도 대단한 풍미를 자랑하니 당연히 주전 멤버라고 할 수 있겠다. 가족끼리 고기를 구워 먹을 때면 한 번에 한 병을 다 쓸 기세다.

아주 오래전 TV 리포터로 참기름 공장에 간 적이 있다. 그날따라 가죽 구두를 신고 가는 바람에 발등에 기름이 묻어 무늬가 생겼다. 방송국 디렉터도, 공장 담당자도 '왜 가죽 신발을 신었지…, 얼룩이 생겼잖아…, 왠지 미안하네…, 그런데 하필 오늘…?'이라는 표정이었다. 하지만 나는 누구보다 참기름을 좋아하니까 오히려 좋은 냄새가 나서 괜찮다고 생각했다. 그 정도로 참기름을 좋아한다는 소리다.

세탁 세제나 핸드크림과 재회하면서도 느꼈다. 향기는 평범한 일상을 밝혀준다. 깜빡 잊고 있었을 뿐이다. 나의 삶 속에 이렇게나 좋아하는 냄새가 많았다는 것을.

보드게임

'난쟈몬쟈'는 러시아가 발상지인 보드 게임이다. 규칙은 간단하다. 카드에 그려진 몬스터의 이름을 짓고, 그 이름을 빨리 외우는 사람이 이긴다. 보드게임 입문자에게는 게임의 맛을 보여주는 준비체조와 같은 존재이고, 어른 아이 할 것 없이 즐길 수 있는 정통 게임이라고 할 수 있다. 두 살짜리 아이도, 쓰촨 출신의 시부모도 흥분했다. 한 번은 시어머니가 웃다 우느라 숨을 못 쉬어 걱정한 적도 있다.

"부탁이니까 그만 웃어요, 위험하잖아요." 필사적으로 말렸다.

어른들은 카드에 그려진 몬스터를 보고 '방울방울이'나 '동글동글' 같은 이름을 잘 짓는다. 반면 아이는 '돈보우바바'나 '바치바라파르우' 같이 몸속에서 솟구치는 소리를 이름으로 붙인다. 한마디로 난이도가 훌쩍 올라간다. 그것도 재미있다. 시부모가 짓는 중국어 이름도 어렵다. 노는 상대에 따라 게임이 전혀 달라진다.

생활은 나만의 것이 아니라 함께 사는 사람의 것이기도 하다. 그러니 다 같이 즐기는 도구는 하나쯤 필수품에 넣어도 좋다.

청소용 클리너

매일 요리를 하며 주방에 묻은 기름얼룩을 잘 지울 수 있는 클리너를 선택했다.

실은 청소 문제에 있어서만큼은 영악한 수를 쓰고 있었다. 고백하건대 물건 목록에 넣지도 않은 아기 엉덩이용 물티슈로 집을 닦고 있었던 것이다. '항상 손 닿는 곳에 있어서 그만 나도 모르게…' 아이가 성장하면 물티슈도 사라지겠지만 환경보호에는 전혀 도움이 안 되니 빨리 습관을 고쳐야 한다.

도구 하나하나를 의식하고 애착을 품게 되자 최대한 오랫동안 잘 쓰고 싶어졌다. 예를 들어 테플론 프라이팬은 1, 2년이면 못 쓰게 되니까 스테인리스나 철 제품이 좋다. 그러는 편이 환경에도 도움이 될 테고 쓸 때마다 애정이 더 늘어난다.

그런 것을 잘 알면서도 엉덩이용 물티슈를 물 쓰듯이 쓰다니. 비로소 위화감을 느꼈다. 모든 것을 갑자기 완벽하게 하기란 어렵다. 전체적인 균형감을 살펴보았을 때 과감히 소모품 하나 정도는 있어도 괜찮다. 그래도 지금처럼 엉덩이용 물티슈를 쓰는 방식은 아무래도 바람직하지 않으니 검토해야겠다. 약은 수법이기도 했고 말이다.

《아메리칸 스쿨》*

《시행착오에 떠돌다》라는 작품을 읽고 덩굴줄기식으로 고른 책이다. 이제 막 읽기 시작했는데 '끌려들어 가는 느낌'이 확 드는 소설이다. 왜 끌려들어 가는지 설명할 수 없으니까 여기서 따로 이야기하지는 않겠다. 말로 표현할 수 없는 형태의 체험, 추억 정도로만 기억하고 싶다.

이해할 수 있는 문장을 써야 한다는 강박관념에 늘 시달려왔다. 그러나 이해할 수 있는 것과 전달되는 것은 엄연히 다르다. 이해하기 어려운데 전달되는 것도 괜찮은 것 같다. 이런 생각이 든 덕분에 최근에 비교적 여러 일을 하기 편해졌다.

하루에 1개씩 물건을 고르는 자유보다 어떤 책이든 골라도 되는 자유가 신기하게도 더 크다. 책의 세계에 흠뻑 빠지면 삶은 어떤 색채로든 변화한다.

* 《아메리칸 스쿨》, 고지마 노부오

토기 인형

두둥! 생활과 도구에 의미가 필요할까? 반드시 그렇지만은 않다. 물건이 가진 기능성에 이미 모든 감각이 물들었다. 그런데도 토기 인형과 같이 살고 싶은 내가 있었다.

100일 중 어느 날인가에 토기 인형이 등장할지도 모른다고 예감했다. 아마도 100일째이려나 싶었다. 하지만 그날이 조금 일찍 나를 찾아왔다.

6년 전쯤부터 선사시대에 푹 빠져 있었다. 토기 인형이란 무엇인가. 정확한 답은 없었다. 아니, 어쩌면 전부 답일 수도 있다. 내 생각은 정령설 쪽에 가깝다. 눈에 보이지 않는 것에도 생명이 존재한다는 정령설. 이 차광기 토기 인형(눈이 고글을 쓴 것처럼 보이는 선사시대의 토기 인형 - 옮긴이)을 볼 때마다 항상 두려운 감정이 찾아온다. '자연을, 세계를 얕보지 마!'라는 느낌이다.

만약 선사시대 사람들이 직관성과 편리성을 추구했다면 이렇게 부지런히 토기 인형을 만들어 남기지는 않았을 것이다. 나는 분주한

하루에 하나씩 늘려간
마음의 목록들

시간 속에서도 금방 손익을 따지는 성격이라 토기 인형 같은 물건을 방에 놓고 '안 되지, 안 돼'라며 마음을 안정시킨다. 생활을 생각한다는 이번 테마 때문에라도 토기 인형은 꼭 필요했던 물건이다.

베개

'아니, 이걸 지금?' 베개라면 일주일 안에 꼭 갖춰야 하는 사람도 있을 것이다. 사실 지금까지는 없어도 괜찮았다. 그런데 막상 써보니 좋았다. 무거운 머리를 얼마나 잘 받쳐주는지 모른다. 머리가 힐링된다. 이로써 질 좋은 수면이 완성되었다.

없어도 괜찮지만 있으면 좋은 것. 지금껏 살면서 가졌던 물건 대부분이 그랬다. 사실은 없어도 되지만 있으면 기뻤다. 짜릿하니까 가졌을 텐데. 그러느라 잊고 말았다. 일단 있으면 좋으니까 소유하기로 했다. 그리고 당분간은 이 감정을 오래도록 기억하고 싶다.

하루에 하나씩 늘려간
마음의 목록들

기름 히터

거대 녀석이 왔다. 역시 건강과 직결되는 문제니까 꼭 방한용품을 갖추고 싶다. 히터는 내부 기름을 데워 열을 내뿜는 구조여서 공기가 탁해지거나 건조해지지 않아 선호한다.

솔직히 지금 가진 물건으로는 추위를 견디지 못할 것 같았다. 가능하면 그런 심정은 한순간도 경험하기 싫다. 추위에 약해서 금방 콧물이 나오고 두통이 생겨서.

최소한의 온도 조절을 할 수 있게 되자 드디어 건강한 삶이 시작되었다. 기름 히터를 곁에 두게 되어 또다시 안심할 수 있었다. 방한은 곧 '생활의 기반'이다.

볼펜

사실 73일간 글자를 거의 쓰지 않고 버틸 수 있었다. 일 때문에 남한 테 잠깐 펜을 빌려 쓴 적은 있는데 그 외에는 스마트폰과 컴퓨터로 충분했다. 이대로 100일도 거뜬히 넘길 수 있을 것 같았다.

그랬는데 왜 지금 펜이 갖고 싶어졌는가 하면 누군가에게 편지를 쓰고 싶은 기분이 들었기 때문이다. '끽해야 물건 몇 개만 가질 수 있는데 지금 그런 느긋한 소리를 할 때냐?' 이렇게 지적하는 나도 존재했다. 그래도 손으로 편지를 쓰는 맛을 그리워하는 마음은 억누를 수 없었다. 74일째에 왜 이런 마음이 들었는지는 이번 주를 보내면서 차츰차츰 알게 되었다.

욕조 클리너

어제 펜을 가져왔는데 아직 쓸 것이 딱히…. 편지지도 메모장도 없으니 오늘은 종이를 손에 넣는 게 가장 빠른 욕망 해결법이었다.

그런데 나는 금방 마음이 바뀐달까. 주의력이 산만한 인간이어서 이번에는 금세 욕실이 마음에 걸렸다. 청소는 평소에도 하고 있지만 클리너로 제대로 하고 싶었다. 일단 하고 싶고 갖고 싶으면 눈앞에 닥친 것만 보이게 된다. 그러다 보니 시험 삼아 적어본 삶에 필요한 물건과 실제로 꺼낸 물건의 순서가 크게 달랐다.

클리너를 이용해 욕조를 닦자 위대한 사람이 된 기분이 들었다. 손쉽게 위인이 될 수 있는 아이템, 욕조 클리너는 가성비 최고의 물건이다.

편지 세트

누군가에게 편지를 쓰고 싶다는 생각이 작년보다 더 자주 드는 것은 왜일까. 2020년에 들어와 커뮤니케이션 방법이 확연히 변화했다. 그렇다고 꼭 이것 때문은 아니다.

최근 들어 계속 이런 생각을 한다. '저 너머의 시간으로 가고 싶어'라는 생각. 생활 초기에 아무것도 없는 방에서 보냈던 길고 긴 시간은 지금과는 흐르는 속도가 완전히 달랐다. 빙그르르. 지구가 회전하는 속도가 들리는 듯했다. 한 시간이 영원 같았다. 창 너머로 벌레의 합창과 풍차 바람이 들어오던 날. 그날의 밤을 수없이 떠올린다. 굴러 떨어지듯이 흘러버리는 시간이 아니라 순간순간 알갱이 속에 멈춰둘 수 있었던 시간. 항상 쫓기듯이 살아왔던 나에게 두 손에 안지 못할 만큼 풍요로운 시간이었다.

'빛을 보기 위해 눈이 있고 소리를 듣기 위해 귀가 있듯이 우리에게는 시간을 느끼기 위한 마음이 있어. 만약 마음이 시간을 느끼지 못

하루에 하나씩 늘려간
마음의 목록들

하면 그 시간은 없는 거나 마찬가지야.'

-《모모》, 미하엘 엔데

물건을 내려놓자 마음의 윤곽이 보였다. 그 마음이 시간을 붙잡았다. 스마트폰을 다시 손에 쥐었을 때 이 감각을 잊지 않겠다고 결심했다. 의도적으로 전원을 끄고 SNS 앱을 삭제해봤으나, 결국 휩쓸려서 금세 중독 상태로 돌아왔다. 예상했던 일이다. 그렇다고 스마트폰을 없애지는 못한다.

'그럼 어쩌면 좋지?' 일단 저 너머의 시간을 늘려보고 싶다. 좋아하는 잠옷을 마음껏 입고, 베란다에 앉아 음악을 들으며, 핸드크림을 바른 채로 책을 읽는다. 한마디로 저 너머의 시간에 속하기로 한다.

휴식이 중요하다거나 느긋하게 지낸다는 식의 듣기 좋은 문장으로 바꾸면 오히려 감이 잘 오지 않는다. 그래서 나는 내게 2가지 시간이 있다고 표현한다. A와 B가 있다. 이쪽과 저쪽이 있다.

저쪽 시간으로 가는 도구를 늘리고 싶다. 쓰는 맛이 있는 펜으로 누군가에게 편지를 쓰는 일은 분명 남들도 모르는 저 너머의 영역일 것이다. 펜을 갖고 싶었던 것도 바로 이런 마음의 소리 때문이었다.

욕조 스펀지

자신의 이를 닦는 것처럼 욕조를 닦고 싶었다. 지금까지 시간과 물건에 파묻혀 보이지 않았는데 모든 것이 비워진 후에야 비로소 집과 연결되었다.

메고 있는 가방이 내 몸처럼 느껴지는 것처럼 어쩌면 살고 있는 집도 나의 일부라고 할 수 있다. 집을 정돈하면 그와 연동해 기분도 한결 밝아진다. 그렇게 생각하면 사실 청소도구는 몸을 돌보는 용품이다.

얼굴 면도기

눈썹이나 얼굴에 난 솜털을 깎고 싶었다. 나만 아는 사소한 변화지만 솜털을 깎으면 얼굴이 수축된다. 이렇게 사소하더라도 기분을 매일 바꿔주는 행위가 삶에서 절실히 필요하다는 것을 알았다. 여유로워서 하는 일이 아니라, 생각보다 우선순위가 높았다.

한편으로 78일 동안 그대로 둬도 아무렇지 않았고, 반드시 처리해야 한다고도 생각하지 않는다. 어디까지나 자기만족이다. 그 이상도 그 이하도 아니다. 손가락 털과 귀여운 반지는 어떤 의미에서 공존할 수 있다.

꽃병

꽃병도 '저 너머 시간'의 것이다. 그런 물건들을 늘리고 싶다.

1년에 딱 한 번, 매년 같은 호텔에서 일주일간 묵는 즐거움을 누리는 지인이 있다. 좋아하는 방에 도착해서 제일 먼저 하는 습관은 근처에서 꽃을 사 거실을 장식하는 일이라고 한다. 그 일주일을 얼마나 소중히 여기는지를 알 수 있는 멋진 에피소드다.

일주일 후에는 그곳을 떠날 줄 알면서도 다시 꽃을 장식한다. 그것은 곧 시간의 중심 속에 마음을 두려는 행위가 아닐까. 나도 오늘이라는 하루에 깊이 파고들기 위해 꽃을 장식하고 싶다. 바로 오늘의 시간을 축복하는 꽃. 자연과 호흡하는 삶이 좋다.

서양호랑가시를 꽂았다. 뾰족한 잎사귀와 빨간 열매가 살풍경한 방에 화려함을 준다. 순식간에 크리스마스가 찾아왔다.

두통약

머리가 미칠 듯이 아팠던 날이다. 100일은 꽤 길다 보니 상태가 나쁜 날도 있다. 그런 안 좋은 날에도 삶은 계속 이어진다. 사실 몸이 최우 선이니 이런 물건은 카운트하지 않아도 좋았을 뻔했다. 하지만 다른 어떤 물건보다 약이 필요했기에 오늘의 물건은 무조건 두통약이다.

처음으로 뭘 원하는지 생각하는 것조차 힘겨워하는 나를 발견했 다. 그렇다면 제법 필요한 물건이 충족되었다는 뜻일지도 모른다. 지 금까지 1만 개도 넘는 물건에 둘러싸여 살았을 텐데, 겨우 80개로 이 정도 만족감에 빠져들다니. 하루 1개라는 페이스에도 의미가 있는 것 같다. 느긋하게 밥을 먹으면 금방 배가 부르는 것처럼.

작은 숟가락

큰 숟가락은 있지만 작은 숟가락으로만 할 수 있는 일이 있다. 바로 푸딩을 먹는 것. 또 하나 잊으면 안 될 중요한 역할이 다름 아닌 아이스크림이다.

제각기 개인의 욕구에 어울리는 물건의 형태가 있다. 형태가 잘 맞지 않아도 큰 문제는 없다. 다만 딱 맞을 때는 삶 자체를 내게 맞는 크기로 커스터마이즈한 것처럼 좋은 기분을 느낄 수 있다. 몸에 맞는 옷을 입을 때처럼 완벽한 느낌은 어떤 행위나 도구에도 있었다.

실내용 바지

아니다. 전에 추가한 스키니진이 조여서 못 입었던 것은. 스키니진을 세탁기에 넣고 건조했더니 허리 부분이 더 줄어들었다. 어차피 같은 소리인가.

잠옷 바지는 집에 있을 때 입어도 괜찮다. 하지만 최근 잠옷의 효용성에 감동했던 터라 가능하면 잠옷과 실내의를 나누고 싶다. '나는 욕심쟁이인가?'

그래도 잠옷을 입는 행위는 멋지다. 지금부터 잠이 들겠다는 '선언'이자 '의식'이어서다. 시간이 달라진다. 시계가 달라진다. 잠옷이라는 성역을 지키기 위해서라도 실내용으로 입을 헐렁한 바지를 가져왔다. 순간, 몸도 마음도 편안해졌다.

아이브로우 섀도

별생각 없이 다녀온 싱가포르 여행 사진을 보는데 이때의 얼굴이 어쩐지 마음에 쏙 들었다. '심플라이프로 화장품을 줄였더니 쌩얼을 더욱 사랑하게 됐어요!' 같은 일은 없었다. 그렇게 될 줄 알았는데 말이다.

지금 내 얼굴에는 분명 무언가 부족했다. 그리고 필요했던 것은 바로 이것이었다. 눈썹은 어떤 의미에서 제일 중요하다. 또 아이브로우 섀도는 콧대나 턱선에 음영을 줄 때도 쓸 수 있다. 성냥갑 정도 되는 화장품 크기가 얼굴 재료의 70퍼센트를 차지하는 셈이다. 대단한 주전 멤버가 아닐 수 없다.

화상회의 때는 바람이 불지 않으니 앞머리로 눈썹을 가릴 수 있었다. 지금까지 버틸 수 있었던 것은 우연이라는 뜻이다. 아이브로우 섀도는 생활에 꼭 필요하다. 그리고 화장품은 곧 얼굴의 일부다.

《세계를 제대로 음미하기 위한 책》*

___

굳이 말하자면 지금의 나를 위한 책인 것 같다. 표지도 심플라이프가 생각나는 여백이 아름다운 디자인이다. 아무것도 모르는 0레벨 상태로 지내는 하루하루는 지극히 현실감과 스릴감으로 넘쳐흐른다. 그러나 또 금방 잊어버리고 어디에도 걸리지 않는 매끄러운 플라스틱 감성으로 돌아갈지 모른다. 나만의 방식으로 붙잡은 세계를 제대로 음미할 수 있는 방법. 그것이 알고 싶어 바로 책을 찾았다.

　책장을 넘긴다. 당연시하던 것을 제대로 깨달을 것, 의미 없는 사실에 먼저 주목할 것. 아뿔싸. 이미 알고 있다고 생각하다가 큰코다쳤다. '당연한 것'의 예시로 제일 처음 등장한 것이 '호흡'이었기 때문이다. 미안해진다. 아직 거기서부터 시작하지는 못했다. 호흡. 어쩌면 아무것도 없는 삶을 시작하는 것보다 훨씬 근원적이고 본질적인 일일지도 모르겠다.

*《세계를 제대로 음미하기 위한 책》, 호모 사피엔스 도구연구회

책에는 언제나 지금 당장 알고 싶은 이야기가 적혀 있다. 알고 싶은 이야기가 적힌 책을 골라서가 아니다. 순수하게 알고 싶다는 만유인력이 그 답을 드러나게 하는 작용도 있다고 믿는다. 어떤 생활을 하더라도 스승이자 제자가 되어주는 것이 바로 책이다.

호흡이란 지금 사는 세계와의 만남. '오호라, 그런 경지도 있구나.' 책 한번 잘 골랐다. 80일을 넘긴 나의 심플라이프 도전, 음미할 깊이가 아직도 많이 남아 있다.

돌돌이 클리너

물건이 적은 방에서 생활한 후로 청소가 즐겁다. 가구를 일일이 움직여 틈에 쌓인 먼지를 제거하지 않아도 된다. 일단 가구가 없다. 아무래도 물건이 많으면 완벽히 깨끗해지지 않아서 매번 마음에 걸렸다. 하지만 지금은 깨끗해진 방이 한눈에 보여 그 쾌감이 배가 되는 것 같다.

나에게 지금 청소는 힐링이다. 돌돌이 클리너가 게임 도구가 된 것은 오래전의 일. 아침에 커튼을 젖히고 무심하게 돌돌이를 돌리다 보면 어느새 인생은 환한 태양빛으로 가득 채워진다.

통후추

요사이 몇 년 전부터 통후추의 매력을 알아버렸다. 중국식이나 이탈리안식 같은 각종 요리에도 쓸 수 있고, 내 요리 실력으로 미치지 못하는 맛도 쉽게 선사해준다.

친자오로스(고기와 야채를 잘게 썰어 굴소스로 맛을 낸 일본식 중국요리 - 옮긴이)나 까르보나라에도 어울리는데 특히 꿀과의 궁합이 좋다. 어쩐지 대단하다. 예전에 외국에 나가면 집밥이 그리워지니 간장을 가져가라는 소리를 들은 적이 있다. 반대로 나는 간장 없는 나라에 간장을 가져가기보다 통후추가 없는 나라에 통후추를 가져가고 싶다. '통후추가 없는 나라, 과연 어디에 있을까.'

감과 생햄과 크림치즈에 통후추. 오직 나를 위한 반주용 안주를 준비했다. 가족들이 맛있겠다고 말해주었다. 그런데 시간을 들여 돌돌 만 햄을 그대로 벗겨 먹어버렸지 뭔가. 몸 안에서 이무기가 깨어나는 소리가 났다.

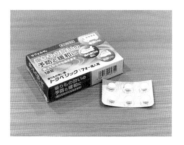

멀미약

장기간 차를 타야 하는 일이 생겨서 갑자기 멀미약이 끼어들었다. 이번 도전에서 얻은 100개의 물건이 인생에 꼭 필요한 100가지 물건은 아니다. 비슷하면서도 결이 조금 다르다. 왜냐하면 실제 인간은 매일같이 변해가는 계절 속에 살고 있으니까.

멀미약은 분명 내게 필요한 물건이었다. 하지만 100일간의 생활 동안 차를 탈 기회가 없었다면 결코 등장하지 않았을 것이다. 한마디로 약을 꺼낸 덕분에 무사히 차를 탈 수 있었다.

몸에 필요한 약을 가까이 두는 것은 효능감과 안도감을 동시에 얻을 수 있다. 자기 자신을 잘 알고 소중히 여긴다는 증거이기도 하다.

전기 조리기

무수 조리든지 멀티로 할 수 있는 전기 조리기. 식재료와 조미료를 함께 넣고 메뉴를 골라 스위치를 누르면 끝이다. 비교적 요리를 좋아하는 편이지만 가스 불을 깜박해서 국물이 죄다 졸거나 냄비 바닥이 새까맣게 타버린 적도 종종 있다. 불을 꺼야 한다는 사실을 잘 알면서도 그 잠깐을 움직이지 못하는 것이다.

때로는 그대로 내버려두는 감사함이 있다. 예를 들자면 일요일 아침에 재료를 넣고 스위치를 누른 상태로 그대로 공원에 나간다. 귀가하면 곧바로 따끈따끈 완성된 카레를 먹을 수 있다. '고맙기도 해라.'

심플라이프를 통해 소유한 물건을 심플하게 다루는 법을 배웠다. 이와 동시에 삶 속의 모든 행동을 심플하게 의식하기 시작했다. 다만 일률적인 패턴의 효율화가 아니라 내게 맞추는 커스터마이즈가 중요하다. 전기 조리기 하나면 만사 해결이라는 식으로 가짓수를 극단적으로 줄이는 것도 아니고, 편리한 가전제품은 죄다 필요 없다는 상식에 도전하는 것도 아니다.

나답게, 기분 좋게, 자유롭게. 손에 잡히는 생활을 이어나가기 위한 또 하나의 커스터마이즈라 부르고 싶다.

면봉

귀 청소를 좋아하는데 생각보다 선택이 늦었다. 좋아하는 것, 도움 되는 것은 얼마든지 적극적으로 도입하고 싶다. 삶이란 참을성 대회가 아니라 진실한 기쁨을 위해 살아가는 것이니 말이다.

100일 동안 써야 하는 면봉은 그렇게 많지 않다. 게다가 벌써 89일째다. 앞으로 써봤자 몇 개 정도겠다. 그래도 겨우 몇 개의 면봉이 주는 상쾌함과 기쁨의 크기가 작지 않다. 만약 필요한 순서가 아니라 기분 좋은 순으로 도구를 골랐다면, 스트레스 없는 생활이 더 쉽게 가능했을지도 모른다. 좋은 기분과 좋은 감정을 소중히 여기는 삶은 나 자신을 위한 그 어떤 무엇보다 더 중요하다.

된장

액상 된장을 선택하는 것도 심플한 행동의 하나다. 특히 국물이 있는 액상 된장은 그 쓰임새가 편리하다.

된장국을 좋아하는 사람은 가족 중에 나뿐이어서 엄선한 된장을 매번 사놓아도 다 쓰지 못한다. 액상 된장은 물에 풀지 않아도 된다. 또 볶음이나 조림, 나물 반찬을 할 때 편리하다.

본격적으로 추워졌으니 돈지루(돼지고기를 잘게 썰어 채소와 함께 끓인 된장국 - 옮긴이)를 만들어야겠다. 돈지루를 떠올릴 때만큼은 겨울이 100퍼센트 즐겁다. 조미료 하나로 이렇게나 기분이 달라진다.

원피스

생활 초기에는 효율성을 고려해 세탁기로 빨 수 있는 옷만 골라야 했다. 이제 최소한의 옷을 갖춘 데다 며칠 남지도 않았으니 마음먹고 멋들어진 겨울 원피스를 꺼냈다. 그렇지만 외출할 때 입을 옷은 아니다. 얼마 후 있을 온라인 송년회에서 선보일 예정이다. 물론 보이지 않는다는 어쭙잖은 핑계지만 하의는 실내용 바지가 어울리겠다.

만약 이 원피스를 밖에서 입으려면 어울리는 타이츠와 코트, 신발, 가방이 필요하다. 어쩌면 어울리는 반지, 어울리는 귀걸이가 필요할지도. 100일 후에 그 전부를 한 번에 가지면 과한 행복감에 정신이 나갈지도 모른다. 100일이 지나도 끝이 아니다. 뭐든 있는 생활로 돌아간 뒤의 심경변화도 기대된다.

'어쩌지?' 브레이크가 풀려서 갑자기 후쿠부쿠로(새해 이벤트로 파는 다양한 물건이 담긴 복주머니 - 옮긴이)를 사버릴까 걱정이다. 안 그래도 그런 것들이 나올 시즌이다. 후쿠부쿠로, 심플라이프를 추구하는 사람이 가장 사면 안 되는 것 중에 하나다. 아니, 안 살 것이다. 아마도.

피현 두반장

쓰촨요리의 기본이 되는 두반장. 슈퍼에서 파는 두반장으로는 본고장의 맛이 안 난다. 하지만 피현 두반장은 다르다. 현재 사천 피현 지방에서 만드는 두반장은 고추와 누에콩이 풍부하게 들어가 있어 깊은 감칠맛이 난다.

평소에는 식료품점이나 인터넷에서 사놓고 거의 매일 쓴다. 일식보단 중식을 먹는 가정이라 이런 맛이 익숙한데, 내게는 또 다른 여행의 낭만을 느끼게 하는 조미료다. 고급 레스토랑의 맛을 제대로 느낄 수 있어 매번 감격한다. 일상에 여행의 정수가 스며든 것이 바로 나의 라이프, 나의 스타일이다.

빨 수 있는 종이 타월

69일째 기록에서 엉덩이용 물티슈로 온 집안을 닦았다는 영악한 고백을 했다. 걸레나 행주가 싫다. 아무리 깨끗이 빨아도 냄새가 나고 위생적이지 않은 것 같다. 그렇다고 표백제에 담가두며 관리하기는 너무 귀찮다. 무책임한 소리라는 것도 안다. 이런 게을러터진 나를 한 걸음이라도 지속 가능한 해답에 접근하게 해준 것이 바로 이 '빨 수 있는 종이 타월'이었다.

방법은 하나. 일단 빨아서 계속 쓴다. 종이 타월 자체가 더러워져 신경 쓰이면 미련 없이 버린다. 부엌은 물론 세면대나 더러운 곳에서도 활약할 것 같다. 좋은 기분으로 계속할 수 있도록 도구와 생활의 행동반경을 자신에게 맞추는 것이 모두가 지향해야 할 심플라이프 아닐까. 설령 오각형의 차트로 만들었을 때 한쪽이 괴상하게 치우쳤더라도 말이다.

흑초

식초라면 역시 이 흑초다. 신맛도 강하고 감칠맛이 좋은 데다 깊은 향까지 나는 것 같다. 평소 볶음요리에 잘 활용하는 편이지만 솔직히 흑초 자체는 머스트 해브 아이템은 아니다.

그런데 왜 지금 등장했을까. 대만식 순두부인 '시엔또우장'이 먹고 싶어서였다. 두유에 식초를 넣으면 살짝 굳어 흐물흐물한 순두부가 되는데 이 변화가 좋다. 걸쭉한 두유를 젓는 동안 사람은 다정한 마음을 되찾는다. 짜증을 부리며 순두부를 만드는 사람이 세상에 있을 리가.

최근 맛있는 대만 요릿집이 속속들이 문을 여는데 코로나로 나가질 못하니까 이 수프를 꼭 한번 먹고 싶었다. 유탸오(중국식 튀김빵) 대신 유부를 볶아 얹었더니 일품이었다. 촉촉한 음식을 입에 넣을 때마다 솜씨를 자화자찬하며 웃었다. 만들고 싶은 것만 만들어도 자기 긍정감은 높아진다.

TV

오늘 12월 20일은 M-1 그랑프리(일본의 유명한 개그 선수권 대회 - 옮긴이)가 열리는 결승전 날이다. 95일까지는 다시보기 서비스가 있어서 TV가 없어도 괜찮았는데 M-1만큼은 꼭 실시간으로 보고 싶었다.

2020년은 다른 어느 해보다도 웃음으로 견딘 1년이었다. 매주 챙겨 듣는 라디오 방송의 횟수가 늘었고, 유튜브로 매일 보는 코미디언의 열정에 기운을 얻었다. 그런 소소한 일상과 접하면 세상이 달라져도 인간이 켜는 등불은 꺼지지 않는다는 믿음이 생긴다.

물론 종일 켜두면 지치지만 보고 싶은 것만 골라 본다면 TV는 풍요로운 시간의 적이 아니다. 사실 개인적인 생활 습관으로는 스마트폰이 몇 배 더 큰 시간 도둑이다.

산초

쓰촨요리에 꼭 들어가는 알알한 맛의 향신료. 쓰촨성 출신이 많은 우리 집에서 핵심 향신료를 96일간 쓰지 않은 것은 드문 일이었다. 산초를 봉인 해제하고 나서 맛있는 요리를 만들겠다고 부엌에 섰는데, 가족이 먼저 마파두부와 수자우육(매운 소고기찜)을 만들기 시작했다. 나 때문에 불편해하지 말라고 그렇게 당부했는데 산초만큼은 그 중요성을 미처 모르고 있었나 보다.

혀와 코에 닿는 기분 좋은 펀치. 알알함은 재미있다. 맛도 좋을뿐더러 먹을 때도 즐겁다. 향신료는 미각은 물론, 일상 자체에 자극을 준다.

선크림

원래 선크림은 계절에 상관없이 1년 내내 바른다. 초기에도 선크림의 존재를 떠올리긴 했으나 외출할 때는 마스크로 가리면 된다고 보류했다. 그런데 생각해보니 오히려 선크림을 더 발라야 했다. 얼굴색이 위아래로 다르면 꼴이 너무 웃기다. 뒤늦게 알았지만 그래도 깨달은 이상 가만히 있을 수 없었다.

이 선크림은 베이스로도 우수해서 바르면 얼굴이 환하게 밝아진다. 거울을 보며 생각했다. '얼굴이 밝잖아!' 얼굴에 나만을 위한 반사판이 달렸다. 완전한 쌩얼로 지내는 편안함도, 화장으로 만드는 화려함도 다 좋다.

랩

너무 늦은 감이 있는 중요한 물건 시리즈다. 전자레인지가 없으니까 잔반이 줄어든다, 잔반이 주니까 랩의 수요가 낮아진다. 이런 연쇄 작용이었다. 필요 이상으로 갖지 않겠다고 다짐하며 나는 그렇게 랩과 모처럼 재회했다.

심플라이프 이전에는 매일 전자레인지를 썼다. 아마도 없으면 없는 대로 전혀 곤란하지 않은 물건 1위일지도 모른다. 데우고 싶으면 프라이팬이나 냄비를 쓰면 되고, 그러는 편이 더 맛있을 때가 많다는 것도 알았다. 특히 냉동 다코야키는 전자레인지보다 넉넉한 기름에 튀기듯이 구워야 맛있다. 만두는 더 말할 것도 없다. 무조건 찌는 게 답이다.

'전자레인지, 없어도 지장이 없네.' 하지만 있으면 또 매일 쓸 것 같다. 꽤나 이해타산적이다.

오븐레인지

전날 전자레인지는 필요 없다고 그렇게 말해놓고서 입에 침이 마르기도 전에 오븐레인지를 집 안으로 들였다. 그래도 변명을 하자면 나를 위해서가 아니다.

오늘은 12월 24일. 크리스마스는 1년 중 오븐이 제일 바쁜 시기다. 케이크를 굽고 치킨을 굽고 파이를 굽는다. '바쁘다 바빠.' 없으면 없는 대로 어떻게든 하겠지만 크리스마스는 극복하는 게 아니라 준비하는 과정을 즐기는 것이다. 말하자면 오븐은 크리스마스 박스라는 뜻이다.

멋진 레시피를 발견해 꼭 한번 해보고 싶었다. DJ미소시루와 MC고향(요리와 음악을 즐기는 새로운 방법을 제안하는 힙합 가수 - 옮긴이)의 파이 시트로 만드는 크리스마스 오르되브르. 레시피에서 보여준 샘플만큼 부풀지는 않았지만 혼자 한 것치고는 잘한 것 같다. 모양틀 없이 칼로 악전고투하며 만든 별이 삐뚤빼뚤해서 귀엽다. 매년 하고 싶다.

가족 선물

'메리 크리스마스!' 이제는 아무것도 필요 없다. 오늘 내가 원하는 선물은 오직 즐거운 시간뿐. 다른 사람에게 선물을 주면 받을 때보다 훨씬 마음이 기쁘다.

이미 알고 있었다. 충분히 충족되었다. 또 무언가를 갖고 싶다고 바라는 것에도 지쳤다. 100개로는 전혀 부족할 줄 알았는데 아니었다. 물건이 늘어날수록 생활이 편리해져 1일째보다 100일째가 더 행복할 것 같았다. 하지만 마지막에는 무언가를 얻는 상황에서 도망치고 싶었다.

하루 1개라는 페이스로 살아가며 깨달았다. 무언가를 원하는 마음은 제법 열량을 소모한다. 그동안 에너지가 필요한 행위를 효율과 타성으로 무심하게 반복해왔다. 여태 그런 나날을 살아왔으니 서서히 감성이 닫히는 것도 당연했다.

원하는 것이 없다고는 했지만 사실 있어야 하는데 없는 물건도 있다. 가방도 지갑도 꺼내지 않았다. 지금까지 쓰지 않았다고 해서 앞으로 필요 없는 물건인 것은 아니지만, 없어도 어떻게든 살아갈 수 있다는 점에서 의미는 있다. 아무것도 없어도 더는 불안하지 않다. 진정으로 강력해진 느낌이다. 없어도 그만이지만 굳이 하나를 소유해야 한다면 마음에 쏙 들어야 한다는 나름의 선택법이 생겼다.

우리 집

심플라이프를 실천하던 집에서 원래의 집으로 돌아왔다. 익숙한 방에 들어서자 적당히 사놓고 방치했던 수많은 물건의 시선을 느꼈다. 세련되어서 샀는데 쓰기 불편한 나무 바구니. 귀여워서 버리지 못하는 수입 맥주 캔. 손도 대지 않은 상태로 있는 티 드리퍼. 파스타가 담기지 않은 파스타 상자.

'그만해, 보지 마. 미안해.' 내가 관심을 기울일 수 있는 수에는 한계가 있었다. 하나하나 눈을 마주치고 작별을 고해야겠다. 심플라이프 도전 100일째. 이제부터 새로운 여행이 시작된다.

하루에 하나씩 늘려간
마음의 목록들

생활 속의 랭킹 차트

없어도 괜찮았던 물건
1위 전자레인지
2위 옷걸이
3위 밥솥
4위 신발
5위 지갑

그 외에 토스터, 우산 등등이 있었다. 우산이 필요 없던 이유는 단지 운이 좋아서였다.

있어서 편리했던 물건
1위 세탁기
2위 바디워시
3위 양면 옷
4위 냉장고
5위 전기 조리기

제한된 기간 속에 2가지 역할을 하는 물건은 언제나 옳았다.

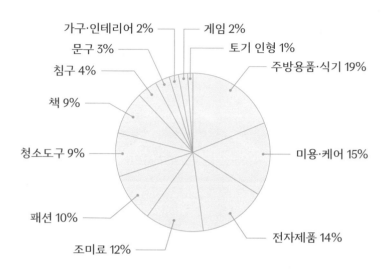

손안에 넣은 물건 내역

가구·인테리어 2%
문구 3%
침구 4%
책 9%
청소도구 9%
패션 10%
조미료 12%
게임 2%
토기 인형 1%
주방용품·식기 19%
미용·케어 15%
전자제품 14%

마음이 줄곧 원했던 물건

1위	책
2위	이어폰
3위	토기 인형
4위	꽃병
5위	보드게임

처음에는 개수가 한정적이니까 두꺼운 책이 좋겠다 싶었다. 하지만 점차 욕구를 우선하게 되자 상관이 없어졌다. 하고 싶은 일을 할 수 없게 되면 무엇을 위해 살아가는지 알 수 없기 때문이다.

2부

100일간의 물건 발견법

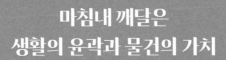

마침내 깨달은
생활의 윤곽과 물건의 가치

'의복'의 발견
입어보기, 탈의하기, 세탁하기

신발은 세계를 넓히는 도구

지금까지 신발은 조금 편리한 패션용품 중에 하나였다. 많이 걷는 날에는 운동화, 원피스에는 노란 펌프스, 비가 내리면 장화가 좋다는 식이었다.

신발의 존재가 너무나도 당연한 나머지 신발이 없는 상황을 생각해본 적이 없었다. 0켤레가 1켤레로 늘어났을 때 신발이 얼마나 혁명적 도구인지를 느꼈다. 신발이 없는 세계는 좁다. 어떤 신발을 고를지 선택하기 전에 일단 밖에 나가지 못한다. 신발이 있어야 비로소 밖으로 나갈 수 있다. 신발의 소유는 과장이 아니라 말 그대로 진화였다.

물건은 최대 100개라는 한계가 있으니 몇 켤레나 가질 수는 없다고 판단했다. 결국 고민 끝에 하얀 운동화를 선택했다. 자주 입는 옷이나 자주 가는 곳을 떠올렸을 때 다다를 수 있는 최대공약수적인 선택이었다. 금방 더러워지는 것은 두렵지만 빨기 쉬운 소재라면 괜찮다. 무엇보다 밖에 나가려고 할 때 흰색은 가장 상쾌하고 믿음직스러우며 어디든 갈 수 있는 색 같았다.

– 데일리슈즈는 화이트를 선택한다

아침과 밤을 바꾸는 잠옷 한 벌

심플함을 추구하고자 겸용할 수 있는 것은 최대한 겸용하자는 방침이었다. 하지만 잠옷만큼은 다른 옷으로 대체 불가능한 매력이 있었다.

우선 좋아하는 잠옷 한 벌만 있어도 '기분 좋은 밤'과 '기분 좋은 아침'을 얻는다. 잠옷을 입으면 밤이 시작되고 잠옷을 벗으면 하루가 시작된다. 잠옷은 다른 어떤 의류로도 대체되지 않는 의식적인 역할을 해준다는 사실을 알았다. 잠옷을 입고 벗는 것은 '자, 이제 잡시다', '자, 잘 삽시다' 하고 나를 응원하는 행위기도 했다.

심플라이프로 보이기 시작한 총체적인 삶의 윤곽. 이상향으로 삼는 건전한 생활에 필요한 1가지 요소는 시간의 흐름을 제대로 알고 자각하는 것이었다. 이처럼 시간을 건강하게 조절하고 휴식을 도와주는 잠옷은 나에게 있어 생활필수품이다.

Life Tip

– 잠옷은 마음에 쏙 드는 것을 고른다

마침내 깨달은
생활의 윤곽과 물건의 가치

시선을 신경 쓰지 않아도 되는 옷

남의 시선을 잘 신경 쓰는 성격이다. 누가 나를 보고 또 같은 옷을 입었다고 하는 것이 싫었다. 사람들 앞에 서는 업무도 많으니까 특별할 때만 입겠다고 봉인해둔 옷도 있다.

그러면서 오늘 만난 사람의 옷차림이 어땠는지는 전혀 기억하지 못한다. 흥미는 있다. 감각이 좋다고 내심 감탄하면서도 막상 떠올리려고 하면 무슨 색인지 모르겠다. 아마 나 같은 사람이 많지 않을까 싶다.

하지만 마음을 들여다보니 달랐다. 남이 나를 보고 똑같은 옷을 입었다고 하는 것보다 그냥 내가 똑같은 옷을 입고 있다는 사실이 싫었다. 금방 질리는 성격이라 마음에 들어 옷을 샀으면서도 두 번 입고 설렘이 바래는 일이 더러 있었다. 남의 시선을 변명으로 삼은 지난날이 후회스러웠다. 사실 내가 진지하게 고민해야 할 것은 왜 이렇게 금방 질리는지였기 때문에.

맨날 같은 옷을 입는지 확인할 정도로 사람들은 남에게 흥미가 없을 것이다. 혹시라도 누가 옷이 똑같다고 말하면 "맞아, 나 스티브 잡스 지망생이거든" 하고 웃어주면 그만이다. 두 번 입으면 질릴 옷을 자꾸 사서 입고 있으니 좋아하는 옷을 불평 없이 입는 내가 되고 싶다.

> **Life Tip**
> – 좋아하는 옷은 가능한 재탕한다

지금이라도 깨달아서 다행이다. 금방 질리는 성격 때문에 같은 옷을 반복해 입으면 당연히 지겨울 것 같았다.

그런데 아니었다. 하루에 물건을 딱 1개만 꺼내야 하니까 무엇을 고를지 시간을 들여 고민했다. 그때그때 떠오르는 아이디어가 아니라 명치 안쪽부터 끓어오르는 것처럼 말이다. 내가 원하는 것은 마음이 외치는 요구에 귀를 기울이고, 자신과 상의하며 하나씩 물건을 정하는 일이었다. 그런 과정을 거쳐 손에 넣은 옷은 정말 좋아하는 옷이었고 매일 입어도 질리지 않았다.

여기에서 말하는 '정말'의 참뜻은 나도 미처 몰랐던 진실이다. 전혀 깨닫지 못한 것과는 다른, 아직 태어나지 못한 '취향'이 있었다. 지금까지는 고민하는 시간을 무의미하다고만 여겨왔다. 내게 필요한지 아닌지를 생각하는 시간은 오래 걸리면 걸릴수록 선택한 물건에 대한 사랑으로 바뀌었다. 끝없는 고민 덕분에 좋아하는 마음의 형태가 또렷해지고, 왜 좋아하는지를 깨우치며 짙은 애착을 품게 되었다.

> **Life Tip**
>
> - 오래 고를수록 애착이 커진다

좋아하는 옷의 형태를 아는 일

나는 후드티를 좋아한다. 꼬부랑 할머니가 되어도 후드티를 입고 싶다. 이번에 다시 그 마음을 확인했다. 평소보다 후드티를 많이 입었는데 입는 내내 그렇게나 행복했다. 후드를 쓰면 언제든 혼자가 될 수 있다. 가능하면, 반드시 주머니 있는 후드티가 좋다.

옷을 1,000벌씩 가지고 있는 것보다 정말 좋아하는 옷의 형태를 알아두는 편이 훨씬 중요하다. 좋아하는 색이어도 괜찮고 선호하는 길이여도 괜찮다. 자기 몸에 잘 맞으면서도 어울리는 것을 알아둘 필요가 있다.

형태란 중요하다. 생활의 형태, 자신의 형태. 눈에 보이지 않는 모호함은 쉽게 변할지라도 분명한 형태가 존재한다. 퍼즐 조각처럼 딱맞는 도구를 조합해간다는 이미지를 품어도 좋다. 결국 삶이란 나와 도구의 퍼즐로 이루어진다.

> **Life Tip**
>
> – 색이든 길이든 나만의 형태를 알아야 한다

가짓수가 많을수록 60점짜리만 입는다?

심플라이프를 하면 가진 것이 없으니 고르지도 않게 된다. 그냥 빨아서 말린 옷을 입을 뿐이다. 옷가지 선택을 가볍게 건너뛰었더니 집안일이 하나 사라진 것처럼 가뿐했다.

아무와도 만나지 않는 날에도 뭘 입을지 조금씩 고민한다. 집에서 아끼는 옷을 입었다가 구김이 가면 싫다. 그렇다고 후줄근한 옷만 입어도 의욕이 생기지 않는다. 길게는 10분쯤 고민하다가 결국 외출복과 실내복의 중간쯤 위치하는, 딱히 마음에 들진 않지만 최악도 아닌

60점짜리 옷에 정착한다. 겨우 고민한 끝에 60점이라니 괴롭다. 그런 일을 반복하다가 조금씩 자신을 소홀히 하면 더 괴롭다.

늘 하얀색 옷을 입고 싶었다. 좋아하는 색이라 얼굴에도 잘 받는다. 한마디로 입는 반사판이다. 그러나 간장 흘리기로는 세계 일인자인 나여서 계속 망설였다. 심플라이프에서는 일부러 하얀 후드티를 골라서 이것밖에 입을 수밖에 없는 상황을 만들어봤다. 지저분해지면 어떡하나 걱정하며 생각 없이 하얀색을 입는 생활의 연속.

기분이 좋았다. 좋아하는 옷이 있으면 좋아하는 옷만 입어야 한다. 매일 같은 옷을 입는데도 교복과 다른 점이 바로 이것이다.

> **Life Tip**
>
> – 후광효과는 하얀 옷이 최고다

세탁을 잘 버티는 옷의 중요성

초반에는 두 벌로 어떻게든 살았으니까 매일 빨아 돌려 입는 것이 우선이었다. 지금껏 빨기 쉬운 기준으로 옷을 고른 적은 없었다. 그래서 내가 가진 옷은 한 번 빨기만 해도 쪼글쪼글 줄어드는 옷이나 금방 해질 것 같은 옷, 프린트가 깔끔하게 지워질 것 같은 옷뿐이었다.

물론 레이스가 달린 예쁜 옷도 중요하지만 기본적으로 튼튼한 옷장만이 먼저였다. 그다음으로 드라이클리닝할 옷을 10~20퍼센트 갖는 것이 가장 이상적이었다. 지금까지는 빨기 어려운 옷이 80퍼센트여서 결국 마음에 안 드는 20퍼센트의 옷을 입었다. 튼튼한 옷을 선택하는 것은 곧 오래 입을 옷을 고르는 일이다. 좋은 기분을 만드는 기반이 되고 때로는 친환경적이기까지 하다.

존경심이 절로 생기는 세탁기의 기능

세탁기와 재회한 후에 존경심을 품은 포인트가 탈수 기능이었다. 손빨래를 하면 물을 전부 짜지 못하니까 마를 때까지 시간이 걸리고, 또 짜면 짤수록 옷이 줄어들기 때문에 고민했다. 짜고 싶은데 짜고 싶지 않다. 뭘 어쩌라는 걸까. 원심력으로 물기를 제거하는 세탁기의 기능은 실로 절묘하다. 나는 못 한다.

건조 기능은 더러워진 의류를 3시간 만에 다시 입을 수 있는 상태로 돌려준다. 손빨래하는 시간과 건조하는 시간이 줄어드니 세탁기가 자유시간을 선물해주는 것만 같다. 건조가 끝난 옷과 수건은 뜨겁다. 단순히 따끈따끈한 서비스를 제공하는 것이 아니라 있는 힘껏 열을 쏟아내는 세탁기의 정성이 느껴졌다. 세탁기를 존경하고 사랑하는 마음까지 배웠으니 한번 헤어져보길 잘한 것 같다. 착각일 수도 있겠지만 세탁기와 쌍방으로 사랑을 이루었다.

가방 없는 삶을 위한 필수템

100일간 가방 없이 생활을 했다. 재택근무 중심에 출장이 없는 시기였고, 인터넷에서 장보기를 했기에 가능했다. 전자결제를 선호하는 편이라 지갑을 꺼낼 일도 없었다.

그러니 잠깐 외출하는 정도라면 주머니 달린 옷이 있으니 가방은 없어도 괜찮을 것 같다. 이 말을 다시 바꾸면 가방 없는 삶에 주머니는 필수란 소리다. 주머니가 달린 옷은 작은 가방 하나만큼의 가치가 있다.

앞으로 어지간한 이유가 없는 한 주머니가 없는 옷은 사지 않을 듯싶다. 심플라이프를 시작한 후로 몸이 가벼워야 마음이 놓인다. 만약 짐을 들고 멀리 나갈 용무가 생기면 마더 하우스의 가죽 배낭을 꺼낼 생각이다. 역시 두 손이 비어야 좋다.

> **Life Tip**
>
> – 이왕 옷을 고른다면 주머니가 달린 옷으로

물건은 뒷전으로, 방한은 최선으로

도전을 시작한 시기는 9월 중순이었다. 여름이 가까운 시기에 시작해 크리스마스를 보냈으니 100일간의 계절을 그대로 체감한 셈이다. 비가 한 번 내릴 때마다 기온이 쑥쑥 내려가더니 우왕좌왕하는 사이에 겨울 느낌이 나기 시작했다.

'어제는 더웠는데 오늘은 춥네. 그리고 또 더워!' 이런 급격한 온도 차도 자주 있었다. '내일은 젓가락을 가지고 와야겠는데' 하다가도 일단 추울 것 같으면 모든 계획이 사라진다. 무조건 방한용품을 손에 넣어야겠다는 생각뿐이다.

수족냉증이라 겨울이면 머리가 아프고, 쌀쌀함이 오래 이어지면 편도염까지 간다. 몸 상태가 안 좋다 싶으면 대부분 추위가 원인이다. 방한복이나 담요, 난로. 뭐든 좋으니 방한용품을 얻지 않으면 다른 활동에 지장이 생긴다. 항상 이렇게 방한용품이 최우선순위로 불쑥 등장한다. '일단 추위부터 막아야지, 이야기는 다음에 하고.'

앞으로도 추위에는 주의할 생각이다. 또 재해로 피난 중인 사람이나 출장으로 짐이 적은 사람처럼, 소지품이 한정적인 사람의 방한 대책을 걱정하는 배려도 중요하다고 생각했다.

> **Life Tip**
> – 방한용품은 빠르면 빠를수록 좋다

'음식'의 발견
요리하기, 식사하기, 담아내기

당연한 이야기지만 냉장고가 없으면 음식을 보존하지 못한다. 즉 그날 먹을 것을 그날 확보하고 그날 먹어야 한다는 소리다. 이게 생각 이상으로 몹시 귀찮았다. 갑자기 무인도에서 서바이벌을 하는 것처럼 머릿속이 먹을 것으로 꽉 찼다. 냉장고를 잃게 되자 곧바로 그날그날의 하루살이가 시작되었고 식생활의 시간축 속에 과거와 미래가 사라졌다.

일은 곧장 벌어졌다. 며칠 전 사다 놓고 먹지 못한 우유가 문제였다.

"아, 얼마 안 됐는데 벌써 상해버렸네….'

냉장고를 도입한 순간 제일 먼저 느낀 사실은 이제 음식의 시간에 얽매이지 않아도 된다는 해방감이었다. 눈앞이 활짝 열린 것처럼 '미래'와 '예정'과 '계획'이 보여서 인간이 시간을 발견했을 때 같은 혁명적 기분이 들었다. 오늘 중에 먹지 않으면 썩을지 모를 음식을 내일이나 내일모레에도 먹을 수 있다니. 유통기한이 얼마 안 남은 고기를 냉동실에 넣으면 시간을 연장할 수 있다. 냉장고는 타임머신이라고 불러 마땅하다. 냉장고에 음식을 넣는 일련의 작업은 미래의 나에게 기쁨을 보내는 행위였다.

아무도 몰랐던 바나나의 순기능

바나나 신은 과하게 대단하시다. 휴대성이 뛰어나고, 소분할 수 있고, 들고 다니기 편하다. 껍질은 도구 없이도 벗기기 쉽고, 손이 지저분할 때도 먹을 수 있다. 부드러운 맛도 좋고, 씨앗도 거의 없다. 얼마든지 상온 보존할 수 있고, 색깔로 후숙 타이밍도 알려준다.

식칼도 식기도 냉장고도 없던 시절에 나는 굉장히 많은 도움을 받았다. 이게 뭘까. '하느님, 너무 심하신 거 아니에요? 심플라이프용 공식 과일입니까?' 이 같은 생각에 잠겨 한번 조사해봤더니 지금의 바나나는 개량된 것이었다. 신이 아니었다. 야생 바나나 사진을 보니 커다란 씨앗이 우둘투둘 박혀 있었다.

껍질을 벗기기 쉬운 점은 바나나가 본디 지닌 성질 중의 하나이다. 튼튼한 잎은 예전부터 찜요리로 활용했다. 그 지점을 생각해보면 바나나는 역시 태생부터 대단하다.

자료를 조금 더 살펴보니 아담과 이브가 먹은 금단의 과일이 사과가 아니라 바나나일지 모른다는 가설도 발견했다. 심플라이프에 도전하지 않았다면 바나나를 새로운 시선으로 보거나 금단의 과일을 생각하는 일도 분명 없었을 것이다. 당연한 풍경 속에 감동이 숨어 있다.

– 바나나는 심플라이프용 공식 과일이다

없으면 없는 대로 괜찮았던 가전제품

필수품인 줄 알았는데 없으면 없는 대로 문제없었던 물건이 전자레인지였다. 조리하기 전에 뿌리채소를 부드럽게 만들거나 냉동식품 및 남은 음식을 데우느라 전자레인지를 썼다.

올바른 조리법만 알면 채소를 부드럽게 만드는 일은 어렵지 않았고, 프라이팬으로 조리해야 더 맛있는 냉동식품도 많았다. 남은 음식은 냄비로 데우면 그만이었다.

그런데 또 문제가 생겼다. 남은 음식을 데우면 냄비를 씻어야 하는 번거로움이다. 겨우 하나라도 이 하나가 귀찮다. 그래서 최종적으로 어떻게 되었는가 하면, 남은 음식 자체가 자연스럽게 줄었다. 최대한 그날 다 먹거나 적당 분량만 만들었다. 남은 음식이 없으면 냉장고도 비워지고 랩을 안 써도 된다. 전자레인지를 없애자 생각보다 바람직한 영향이 많았다. 전자레인지의 나비효과라고 명명할 수 있겠다.

– 전자레인지는 있어도 그만 없어도 그만이다

마침내 깨달은
생활의 윤곽과 물건의 가치

살면서 국자는 몇 개나 필요할까

심플라이프에 도전하기 전에 내게 국자가 8개나 있었다. 열정적으로 국자를 사러 다닌 기억은 없고, 어쩌다 보니 자연스럽게 모였다. 분명 제 손으로 샀을 테지만 감각적으로는 그랬다. 국자가 8개나 있으니 서랍 속이 혼잡했고, 덜컹거려서 짜증이 나기도 했다.

거의 아무것도 없는 상황에서 국자를 손에 넣었을 때 나는 이렇게 편리할 수 있나 스스로 감탄했다. '이거야, 이 각도로 이 정도만 국물을 푸고 싶었어!' 가려운 곳에 손이 닿는 기쁨처럼 그야말로 눈이 휘둥그레졌다. 아이러니하게도 8개나 있을 때는 국자가 지닌 대단함을 잊고 있었다. '아이고, 고마워라.' 이렇게 편리한 물건은 하나만 가져도 충분하다. 아니, 하나만 있으니까 사랑스럽고 하나만 있으니까 고마움을 안다.

> **Life Tip**
>
> - 국자는 인생에 하나면 충분하다

밥솥은 머스트 해브 아이템이 아니야

밥솥은 부엌의 필수 전자제품이라는 분위기를 대놓고 뽐낸다. 하지만 막상 깨닫고 보면 생활에 필요한 100개 물건에 들어갈 정도는 아니었다.

냄비로 밥을 지으려면 물이나 불을 세심하게 조절해야 하니 번거롭다고 믿었다. 그런데 생각보다 대충 해도 괜찮았다. 냄비에 쌀과 같은 양의 물을 넣고 불을 켠다. 조금 끓기 시작했다 싶으면 뚜껑을 덮고 뜸을 들인다. 나무 주걱을 냄비 위에 얹으면 물을 흡수해주니까 넘칠 일도 없다. 왠지 모르지만 이렇게 하면 더 맛있는 것 같다. 매일 캠핑하러 와서 반합으로 밥을 짓는 기분이었다.

다만 100일간의 여정이 끝난 지금도 밥솥 없이 생활하는가 하면…, 아니다. 이미 밥솥을 도입했다. 어린아이가 있는데 불 위에 냄비를 올린 채 떠나기 불안했고, 요리할 때마다 가스레인지를 차지하는 것도 귀찮았다. 그래서 자연스럽게 밥솥 곁으로 돌아갔다. 밥솥이 필요한지 아닌지는 가스레인지 화구 수에 따라서도 크게 좌우된다. 그래도 여차하면 언제든 냄비로 밥을 지을 수 있다는 마음이 들어 좋았다.

> **Life Tip**
>
> – 밥솥의 유무는 화구에 달려 있다

토스터는 없어도 된다는 이론

100일간의 심플라이프 생활에서 이건 없어도 살 수 있겠다고 생각한 도구가 있다. 지갑, 밥솥, 옷걸이, 가방, 토스터 등이다. 그중 100일이 지난 후에 없어도 괜찮았던 것은 토스터뿐이었다.

전자화폐 애용자지만 무인 판매점을 좋아해서 동전을 담는 지갑이 여전히 필요하고, 냄비로도 밥을 지을 수 있지만 스위치만 누르면 되는 밥솥이 더 편리하다. 옷도 차츰차츰 줄이고는 있지만 여전히 많아서 옷걸이는 필수다. 소중한 서류를 주머니에 넣을 수는 없으니 가방도 쓰긴 쓴다. 100일간 없어도 되는 물건과 365일 내내 없어도 되는 물건은 또 다르다.

토스터를 좋아한다. 맛있는 빵이나 표고버섯 위에 타르타르소스를 얹어 굽고 싶다. 하지만 그런 요리는 가스레인지에 달린 생선구이용 그릴이나 프라이팬으로도 얼마든지 할 수 있었다. 이외에 토스터에 바라는 용도가 있다면, 공작용 플라스틱판을 굽는 정도랄까? 미안하지만 이런 이유로 토스터는 퇴장시켰다.

> **Life Tip**
>
> - 그릴이나 프라이팬도 토스터가 될 수 있다

우아하게 살기 위해서는 이것이 필요하다?

각종 생활필수품을 부지런히 얻어야 하는 상황에서 생활 몇 주간은 컵이나 잔을 마련하는 일이 사치였다. 빈 페트병을 활용하며 이대로 괜찮겠다고 생각한 것도 잠시. '뭐지, 기분이 영 안 나네.' 오히려 활력을 잃었다.

물을 마실 때마다 페트병을 쓰는 삶의 무게가 더 크게 덮쳐와 생활을 소중히 하지 못하는 기분이 들었다. 오랜만에 잔에 물을 따르자 나를 소중히 한다는 감동이 벅차올랐다.

살아오면서 잔에 음료를 따르는 행위는 습관 속에 완전히 매몰되었는데, 실은 그런 행위 속에 나를 존중하는 마음이 녹아 있었던 것이다. 와인글라스를 얻었을 때는 축제라고 생각할 정도였다.

우유갑은 다용도 끝판왕

식칼을 얻은 날은 기뻤는데 도마가 없으면 할 수 있는 게 거의 없었다. 할 수 있는 일이라고는 사과를 들고 껍질을 깎거나 손바닥 위에 두부를 올리고 써는 정도였다.

도마는 식칼의 소중한 파트너였다. 도마 대신 쓸 만한 물건을 찾다가 문득 우유갑을 떠올렸다. 제법 튼튼해서 문제없이 쓸 수 있었다. 접는 선이 있으니 자른 재료를 담아 냄비에 넣기 쉬운 이점까지 있었다. 도마를 얻은 후에도 고기나 생선을 자를 때 우유갑을 활용하면 도마를 더럽히지 않을 수 있을 것 같았다. 그밖에 도움이 되는 상황이라면 다른 사람과 함께 부엌에 섰는데 도마가 하나뿐인… 그런 상황이랄까.

아주 사소한 일이지만 우유갑이라는 아이디어는 생활에 대한 애정으로 연결된다. '궁리하는 인생, 만세!' 조금 우쭐함을 느끼는 것도 유쾌한 생활의 요령이다.

마침내 깨달은
생활의 윤곽과 물건의 가치

젓가락은 메뉴 선택을 늘리는 도구

손으로 뭔가 만들어 먹기를 잘하는 편이다. 방글라데시에 갔을 때 습득한 기술이 있다. 손끝으로 카레와 밥을 섞어 엄지로 밀어내는 듯이 입으로 가져간다. 지금도 손끝에는 그때의 감촉이 남아 있다.

그렇다고 일상에서 계속 손으로 식사할 수는 없는 노릇이다. 이때 못 한다는 것은 물리적으로 불가능하다는 뜻이 아니라 개인의 문화 속에 있을 때 굳이 하고 싶지 않다는 저항감의 표시이다.

밥을 냄비로 지어도 주걱이나 젓가락이 없으면 어쩔 수 없다. 그럴 때는 주먹밥이 편리하다. 손으로 먹는 행위에 대한 면죄부도 된다. 단, 손은 꼼꼼하게 씻는다. 젓가락을 쓰는 일은 주먹밥 이외의 것을 먹는 자유의 획득이자 뜨거운 음식을 있는 그대로 건드릴 수 있는 행운의 능력이었다. 또 어떨 때는 세심한 작업을 하기 위해 손끝에 장착하는 부속 장비도 될 수 있었다. 문화이자 도구이자 장비. 젓가락은 대단하다.

Life Tip

- 젓가락은 먹는 자유를 보장한다

오븐은 크리스마스의 필수품

전자레인지는 필요 없다고 생각해 꺼내지 않았는데, 99일째에 무슨 일이 있어도 쓰고 싶어 오븐을 선택했다. 이유는 마침 그날이 크리스마스였다. 따져보면 크리스마스 요리에 모두가 오븐을 쓴다.

100일 동안은 크리스마스 외에 별 이벤트가 없었는데, 그 후로는 가족의 생일이 껴서 매달 케이크를 구웠다. 만약 100일간의 심플라이프 동안 이런 생일 러시가 겹쳤다면 회전대, 나이프, 거품기가 필요한 목록 안에 들어갔을 것이다. 회전대가 100가지 인생 물건에 들어간다고는 상상도 안 해봤는데. 5개월 연속 쓸 수 있다면 훌륭한 주전 멤버임이 틀림없다.

살아 있어서 그런지 필수적인 물건이 조금씩 달라진다. 또 이렇게 흐르는 것이 당연하다.

평평한 접시로는 먹을 수 없는 것

굳이 말할 필요도 없다. 그러나 이 사실을 사무치도록 이해한 것은 이번이 처음이었다. 이 심플라이프 체험은 당연한 사항들을 갓 태어난 아기처럼 발견해가는 여행이다.

처음 식기를 꺼내 든 것은 18일째. 원 플레이트로 하면 밥도 반찬도 담을 수 있으니 일부러 평평한 접시를 선택했다. 노렸던 대로 한 접시로 끝나서 편하긴 한데, 접시에는 국물을 담을 수 없다는 거대 약점이 있었다.

따끈따끈한 수프를 좋아하는데, 냄비째 바로 먹기가 불가능하다. 그랬다간 냄비와 입술이 합체를 하고 말 것이다. 또 아무리 좋은 물건을 갖췄더라도 속이 깊은 그릇이 없는 한 수프를 편하게 먹을 수는 없다. 수프를 마시는 이 간단한 행위가 공기 하나의 유무로 갈린다. 도구가 가진 대단한 점이다. 모든 도구는 혁명적이다.

삶에서 이렇게 하고 싶다는 상상력이 있으면 이상적인 도구를 손에 넣을 수 있다. 평평한 접시를 얻었을 때 나는 그런 상상력이 부족했다. 첫 번째 그릇은 움푹한 사발이어야 했다. 이상과 형태를 연결해 간다. 이것이 도구 선택의 가장 단순한 공식이다.

Life Tip

- 그릇은 상황이나 용도에 맞게 준비한다

작은 숟가락이 절실해지는 타이밍

어느 가정에나 있지만 없어도 괜찮을 물건의 대표격, 작은 숟가락. 인생에 꼭 필요한 물건에는 단연코 들어가지 않을 존재. '아아, 작은 숟가락이여. 네가 없어도 괜찮을 줄 알았노라.' 하지만 반드시 있어야 하는 순간이 오고야 말았다. 바로 푸딩을 먹을 때와 아이스크림을 먹을 때다.

커다란 숟가락으로는 안 된다. 조금 더 소중히 먹고 싶다. 젓가락이나 포크로는 가당치도 않다. 조금씩 동그랗게 퍼서 먹고 싶다. 조금씩 푸는 행위 자체가 좋다. 아이스크림을 먹는 즐거운 이벤트에는 그런 소소한 것도 포함되는 법이다.

작은 숟가락 하나만 놓고 보면 베스트 100에 들어가지 않겠지만,

푸딩이나 아이스크림을 먹지 않는 100일은 역시 있을 수 없다. 따져 보면 이런 물건들이 많이 있을 것이다. 자신에게 필요한 물건 랭킹은 사용 빈도와 비례하지 않는다. 원하는 이벤트와 직결된다.

> Life Tip
>
> - 즐거운 순간에는 작은 숟가락이 요긴하다

소금 없이도 간을 맞추는 방법

이것은 앞으로의 인생에서 언제 어느 때 활약할지 모를 지혜다. 초기에는 조미료가 없어 요리에 전혀 간을 하지 못했다.

그럴 때 활약한 것이 바로 베이컨이다. 베이컨의 짠맛 덕분에 차례차례 반찬이 만들어졌다. 삶기만 해도 맛있는 고구마와 호박. 굽기만 해도 맛있는 어묵과 피망. 조금 요리했다는 느낌을 주고 싶을 때는 고등어된장통조림도 좋다.

간을 하는 것은 참으로 인간다운 행위가 아닐까. 그냥 먹어도 맛있는 음식이 많지만, 아무래도 2퍼센트 부족하다. 불로 구워 먹는 것도 살아남기 위한 행위이고, 맛있게 간을 하는 것도 유쾌하게 살기 위한 방법이다. 조미료 하나에도 삶을 향한 희망과 바람이 깃들어 있다.

> Life Tip
>
> - 소금이 없을 때는 베이컨을 활용하라

마침내 깨달은
생활의 윤곽과 물건의 가치

요리에서도 잠재력을 끌어낼 수 있다?

요리를 좋아하는 편이다. 그런데 몰랐다. 콩소메 가루나 치킨스톡, 다시멸치 등을 우리지 않으면 어떤 감칠맛도 나지 않는다고 오해했다. 전혀 아니었다. 채소에도 고기에도 자연 본연의 맛이 충분했다. 매번 강한 조미료를 위에서 쏟아붓는 탓에 원재료가 무미건조하다고 여겨졌을 뿐이었다.

써는 방법, 재료 순서, 화력 조절, 끓는 시간. 그런 몇 가지 요소로도 풍미와 식감은 크게 달라진다. 예를 들어 당근과 당근 껍질을 같이 넣고 삶은 수프는 꽃다발처럼 좋은 냄새가 난다. 당근을 처음 맛본 기분이었다. 적절한 조리로 재료의 잠재능력을 끌어낸 요리는 약간의 소금 외에는 그 무엇도 필요하지 않다.

늘 쓰던 조미료를 봉인하고 소금과 기름만으로 조리해보았다. 그러자 재료 본연의 풍미와 만날 수 있었고 제맛을 내기 위한 조리법을 배울 수 있었다. '아, 이게 요리구나.'

> **Life Tip**
>
> - 천연 감칠맛은 채소나 고기로도 낼 수 있다

상상 그 이상의 맛을 내는 조리도구

조리법이나 도구에 따라서도 맛이 달라진다. 적은 조미료로 요리를 배우려고 마음먹자 조리도구도 하나를 정해 쓰고 싶었다. 처음부터 다시 배워 이 프라이팬이라면 됐다 싶은 감각이 필요했던 것이다.

스테인리스 냄비나 무쇠 프라이팬도 대충 썼을 때는 너무 달라붙고 닦기 힘들다는 인상이 강했다. 그런데 올바른 방식으로 썼더니 다루기가 어렵지 않았고, 무엇보다 감칠맛의 아군이라는 표현이 딱 들어맞았다.

감칠맛에 중점을 둔 상태로 그 맛이 언제 나오는지를 조사해보니, 마이야르 반응과 무수 조리로 성분을 응축하는 것이 중요하다는 사실을 알았다. 그런 일이 가능한 냄비나 프라이팬은 조미료 이상으로 더 큰 역할을 한다.

- 그 이상의 맛을 원한다면 무쇠 프라이팬이 좋다

조미료는 여행의 동의어

조미료는 있으면 즐겁다. 조미료 병 하나가 여행하는 기분을 선물해준다. 때때로 레스토랑이나 여행지에서 먹은 맛을 재현해보려고도 한다. '세련된 가게는 주로 통후추를 쓰네', '쓰촨요리는 역시 본토 조미료구나'. 혀의 기억에 의지해 그날의 맛을 지금 여기 살려낸다.

2020년은 여행을 거의 하지 못했다. 외식하는 빈도도 눈에 띄게 줄었다. 그러다 보니 무언가에 매달리는 심정으로 조미료를 모았다. 같은 맛을 완벽하게 내기는 어려워도 50미터 앞에서 언뜻 맛을 엿본 기분이나 추월한 느낌만으로도 좋다. 맛의 잔상. 아주 조금이라도 추억이 되살아난다면, 조미료는 단순히 맛을 위한 것만이 아니다. 시간

마침내 깨달은
생활의 윤곽과 물건의 가치

을 달리는 타임 트레블이라고 할 수 있겠다.

> **Life Tip**
>
> - 추억을 살리고 싶다면 조미료를 써라

심플 조미료 도전은 심플라이프 도전과 닮은꼴

100일간의 규칙을 정하며 어떻게 조미료를 취급할지 고민했다. 식자재와 똑같이 취급한다면 따로 카운트하지 않고 마음껏 쓸 수 있다. 그래서 어쩌다 보니 조미료도 하나의 물건으로 헤아리기로 했다. 정말로 어쩌다 보니였다. 조미료는 도구와는 조금 다르지만 비교적 생활에 영향을 준다고 생각했으니까. 1가지 예로 외국 여행을 갈 때 반드시 휴대용 소스를 가지고 가는 사람이 있다.

결과적으로 이 판단이 옳아서 식자재와 조리법을 새롭게 만나기 위한 또 다른 도전이 생겼다. 심플라이프라는 마트료시카 속에서 준비된 인형처럼 심플 조미료에 도전했다. 양쪽 모두 몰랐던 것을 재인식하고 관계를 구축해나가는 일이었다.

> **Life Tip**
>
> - 조미료가 심플해지면 생활도 심플해진다

인생은 수프를 천천히 끓여나가는 과정

심플 조미료 도전으로 간을 강하게 하기보다 재료의 감칠맛을 내는 일이 훨씬 중요하다는 사실을 알았다. 감칠맛을 내는 요령은 채소를 볶아 한참을 끓이거나 물이 변하는 시점에 맞춰 버섯을 넣는 등 아주 사소한 일이었다.

지금까지 있었던 나의 생활을 표현하자면 두반장을 잔뜩 쏟아부어 자극을 맛보는 일의 연속이었다. 지루하다 싶으면 곧바로 쇼핑을 하거나 동영상을 보며 술을 마시고 게임을 했다. 가끔은 그래도 나쁘지 않다. 그러나 일단 모든 도구를 손에서 내려놓고 초기화함으로써 생활을 충실하게 꾸리는 방법이 그 밖에도 있다는 것을 알았다. 조용한 방에서 편지 쓰기. 밤에 창문 열어놓기. 이런 지극히 사소한 일들 말이다.

외적인 자극도 좋다. 하지만 생활 자체에서 감칠맛을 끌어내면 미처 몰랐던 삶의 깊은 맛이 배어 나온다. 약간의 소금만으로 충분할 정도다. 앞으로 이렇게 수프도 인생도 꾸준히 끓여나가고 싶다.

Life Tip

– 인생도 수프도 꾸준함이 필수다

레시피는 생활 속의 가이드북

매일 무언가를 선택하다 보니 물건보다 정보가 필요하다고 생각되는 날이 있었다. 특히 조리도구나 조미료를 얻은 후에는 어떻게든 이를 활용하고 싶어지는데 그러려면 지금 가진 정보량이 턱없이 적었다. 지금까지 아무것도 모르고 마구 써왔다. 물건을 진심으로 대하려면

마침내 깨달은
생활의 윤곽과 물건의 가치

어쨌든 정보가 필요하다.

특히 삶을 하나부터 다시 쌓아가려 할 때 레시피는 매우 중요도가 높은 정보였다. 손으로 직접 만든 음식을 오감으로 맛보는 행위가 곧 생활을 내 것으로 만드는 지름길이라고 본다. 레시피는 타인이 기록한 행동을 몸으로 옮기는 작업이기도 해서 다른 사람과 만나지 않아도 일상에 신선한 바람을 불게 할 수 있다.

요리하는 사람이라면 습관적으로 누구나 자기가 선호하는 맛을 어느 정도 만들 수 있다. 더 나아가 레시피가 있으면 스스로의 몸을 상상 너머로 데려갈 수 있다. 이 역시 집에서 할 수 있는 일종의 여행이다.

가장 많았던 물건은 '○○○○'

지금까지 가져온 물건들을 분류하면, 역시 주방용품과 식기가 제일 많았다. 전체 약 5분의 1에 해당하는 19개였다. 또 요리책을 두 권이나 선택했으니 내 삶에 식생활이 얼마나 중요한지를 알 수 있었다. 그야 인간은 먹지 않으면 살 수 없으니 당연하다면 당연한 소리였다. 접시에 요리를 담아 먹는 행위는 단순히 섭생하는 행위 이상의 의미가 있다.

선별한 식자재를 취향대로 조리해 좋아하는 접시에 담는다. 그 전부의 과정에 나라는 개성이 풍긴다. 취미나 게임보다도 몸에 근접한 감성이 자연스럽게 움직인다. 의식하지 못하더라도 분명 이런 행동으로 힐링받는다.

원하는 도구를 써서 무언가를 만들기. 극단적으로 말하면 이것이 요리의 구조이고, 생활의 기본이다. 삶의 기본은 언제나 창조성이다. 또 도구와 가장 가깝게 커뮤니케이션하는 순간이기도 하다.

'좋아, 오늘 점심에는 요리를 해야지.'

Life Tip

– 인생의 대부분을 식생활에 양보하라

마침내 깨달은
생활의 윤곽과 물건의 가치

'주거'의 발견
비우기, 꾸미기, 살아가기

움직이는 천연 인테리어

100일 동안 여러 건의 취재가 있었다. 그중에서 아끼는 방을 소개하는 코너가 있었는데, 나는 거의 아무것도 없는 방에서 좋아하는 포인트를 설명해야 했다.

"혹시 이 방에서 마음에 드는 곳은 어딘가요?"

나는 질문을 받자, 궁여지책으로 바닥을 가리키며 대답했다.

"저기 저 양달이요."

피치 못한 대답이었지만 마음에 든 건 사실이었다.

날이 좋을 때면 오후 두 시경, 창틀에 잘린 네모 빛이 출현한다. 그 자리에서 책을 읽는 시간이 참 좋다. 양달은 형태를 바꾸며 계속 움직이는데 각도가 아주 딱이다 싶은 순간이 있다. 물론 전에도 방에 들어오는 빛을 좋아하긴 했다. 하지만 지금은 가구도 도구도 없는 만큼 전보다 더 또렷이 인식할 수 있었다. 양달 본연의 모습이었다.

썩 세련된 방이 아니어도, 감각적인 가구가 없어도 괜찮다. 한낮을

지나 방 안 깊숙이 출현하는 양달을 꽤 마음에 드는 인테리어로 세어도 좋지 않을까? 방에는 원래 그런 멋진 부분이 있다.

돈이 들지 않는 나만의 관엽식물

앞서 말한 취재에서 나는 방에서 좋아하는 것을 1가지 더 대답했다. 창밖으로 언뜻 보이는, 옆집 마당에 자란 남쪽 나무다. 이제는 방도 아니다. 키가 너무 커서 손을 뻗으면 코 닿을 거리에 있다. 경치를 보려고 하면 생각보다 시야를 떡 하니 가로막는다. 그래도 조금 떨어져 바라보면 남국에 사는 기분을 맛볼 수 있으니 따로 관리가 필요 없는 관엽식물 같은 존재다. 때로는 행운이다.

내 것과 타인의 것 사이에는 경계가 명확하다. 하지만 내 것과 지구의 것은 그 경계가 미묘하다. 풍경은 내 것이 아니면서 어떻게 보면 또 내 것 같다. 심플라이프로 소지품을 내려놓았더니 그런 생각이 더욱 강해졌다. 어차피 죽기 전까지만 가질 수 있다. 영원하지 않다. 소유하지 않아도 감동할 수 있는 대상은 진짜 자기 세계의 물건이라고 해도 괜찮다. 심플리즘이 그런 가벼운 마음을 주었다.

마침내 깨달은
생활의 윤곽과 물건의 가치

정보량 없는 방이 나에게 미치는 생활

가구나 도구가 없는 방에서 지내자 자연히 머리가 맑아졌다. 고작 몇 번 해봤을 뿐인데 아는 체 같지만 이 생활은 명상과 비슷하다. 눈을 감거나 집중하는 일 없이 가만히 있기만 해도 명상하는 감각이 든다.

게임이나 정보가 없는 곳에서는 자연히 2가지에 의식이 향한다. 하나는 바깥소리나 창가의 바람, 서서히 이동하는 양달, 나를 둘러싼 환경의 감촉. 또 하나는 요즘 무슨 생각을 하는가에 대한 의문. 나 자신과 일대일 대치 상태가 되자 생각하고 싶지 않아도 내면의 욕구나 반성이 들린다. 평소보다도 감성의 숨구멍이 열려 사고가 정리되는 것 같았다. 방에서 나온 후에도 이 감각이 한동안 유지되고 있다.

이 효능이 아주 크다. 그렇다고 아무것도 없이 살 수는 없다. 앞으로 여유가 생기면 방 하나만 텅 비게 유지하거나 침실에 오로지 침구만 두는 시도를 해보고 싶다.

> **Life Tip**
> - 하나쯤은 명상을 위한 방이 있어도 좋다

물건이 없으면 나도 없을까

나는 원래 미니멀리스트와는 정반대인 맥시멀리스트 성향을 지녔다. 수집욕이 있어서 쇼핑할 때 어떻게 쓸지는 생각하지 않고 오로지 가지면 즐겁겠다는 흥분도에 따라 골랐다. 그렇게 스모선수 모양의 도자기 오브제나 가짜 수염, 버튼을 누르면 불이 반짝이는 대불 열쇠고

리처럼 앞으로 평생 쓸 타이밍이 잘해봤자 1분 이내인 물건들을 무한정 소유했다.

그런 물건을 내칠 생각도 없고 그 가치를 부정하고 싶지도 않다. 하지만 그 물건까지 여태 나라고 믿고 살아온 이상 아무것도 없는 방에서 지내려니 너무 외로웠다. 며칠이 지나자 아무것도 없어도 결국 나는 나라는 생각이 샘솟았다. 앞으로도 여행을 떠나면 시작되는 괴상한 가면 수집은 멈추지 않을 것이다. 그래도 하나는 분명하다. 물건과 관계 맺지 않은 순수한 내면의 윤곽을 봤으니 어떤 것에도 의존하지 않고 적절한 거리감을 쌓을 수 있겠다.

> **Life Tip**
>
> – 맥시멀리스트도 나고, 미니멀리스트도 나다

최소한의 생활은 재난 대비 훈련

처음 한두 주는 재난 대비 훈련이었다. 재난이 발생했을 때 수중에 무엇이 있으면 좋을까. 물론 현실에서 피난한다면 통신수단으로 제일 먼저 스마트폰을 챙기고 싶은 마음이 있다. 그래도 맨몸뚱이 상황에서 몸과 마음이 무엇을 원하는지 실감했으니 분명 어떤 식으로든 도움이 될 것이다.

나는 바닥에 오래 앉아 있지 못한다. 폭신한 담요가 있으면 마음도 차분해진다. 맨발로는 단 한 발짝도 못 나간다. 칫솔이 없으면 기운을 잃는다. 책을 가지고 있으면 나의 세계를 지킬 수 있다. 손톱깎이는 의외로 금방 필요하다. 등등. 나를 위한 재난 물품을 준비할 때는 물론이고 피난민을 도와줄 때도 좋을 현실 체험이었다.

- 물건 없는 생활이 곧 생존 본능을 깨운다

아무것도 없는 방이 가장 멋있는 이유

뜬금없는 소리지만 아무것도 없는 방은 멋있다. 물건이 없으면 시시한 세 평짜리 방도 세련되어 보인다. 하얀 벽이 멋지다. 모퉁이 네 군데도 훌륭하다. 널찍한 여백조차 흠잡을 데 없다. 아니, 다른 어떤 시도보다 아무것도 없는 편이 훨씬 낫다. '이게 뭐람.'

감각적인 사람이라면 더할 것은 더하고 뺄 것은 빼, 절묘한 균형을 유지하는 세련된 방을 꾸밀 수 있을 것이다. 하지만 나의 이 부족한 감각으로는 아무것도 없는 방을 이기지 못한다. 장식이나 인테리어에 집착하다가 이도 저도 못 하니 아예 다 치워버리는 편이 세련되어 보일 것이다.

그래도 그렇게 치워버리는 것은 고통스러워진 시점에 해야 좋다. 심플라이프를 통해 아무것도 없는 방이 멋지다는 사실을 알았으나, 나는 앞으로도 다양한 시도를 반복할 것 같다. 거울이나 꽃병, 쟁반 위치를 여기저기 바꾸는 과정도 즐겁고, 매칭보다는 오직 느낌으로 그림을 사는 자유도 기쁘다. 잘 안 된다고 해서 꼭 나쁘지는 않다.

- 아무것도 없는 방에 여백의 미를 마련하라

피로의 장소 vs 회복의 장소

방에 물건이 적으면 기분이 압도적이다. 매일 호텔에서 지내는 기분이 든다. 외출하고 나서도 쾌적한 곳으로 빨리 돌아가고 싶다는 생각을 할 때가 있었다. 집에 있기만 해도 피로가 점점 회복되는 감각을 알 것 같았다.

피곤했을 때 너저분한 방에 들어가면 더 피곤하다. 그런데 꼭 너저분해서가 문제였던 것은 아니다. 지금까지는 방 안에 전체적인 정보량이 너무 많았다. 각종 포장지, 색색의 옷, 찻주전자 등등.

심플라이프를 시작하고 하얀 벽과 텅 빈 바닥을 보며 마음이 놓이는 자신을 발견했다. 모든 물건을 줄이기는 어려워도 조금씩 여백을 남기면 마음이 도망칠 공간이 생긴다. 시야에 정보가 들어오지 않는 상태로 만들면 한동안 뇌를 멍때리게 할 수 있다.

- 방을 비우면 휴식할 공간이 생긴다

천이 가져다주는 안심과 자유

타월을 얻었을 때와 담요를 얻었을 때. 이토록 마음 편해지는 순간이

마침내 깨달은
생활의 윤곽과 물건의 가치

있었나 싶어 놀랐다. 머리나 몸을 폭 감싸면 차분해지고, 얼굴에 천이 닿아 있으면 기쁘다. 재난 상황이 일어났을 때 피난소에서 담요를 받으면 분명 마음이 놓이겠다고 상상했다. 방한용이라는 의미까지 더해져 정신적으로 받쳐주는 포용력이 있다.

원하는 형태로 개킬 수 있는 것도 중요한 기쁨 중에 하나다. 자그마하게 뭉쳐서 베개로 쓰거나 지저분한 옷을 잠시 수건으로 쓰거나, 어깨에 걸치거나 무릎을 덮거나. 다양하게 조절하는 것, 즉 도구에 변화를 주어 자유롭게 쓰는 것에는 어떤 원시적인 기쁨이 있다.

타월과 담요를 얻었을 때 드는 전지전능하다는 감각. 인간은 오래전부터 천과 함께 살아왔음이 분명했다.

Life Tip

– 목욕 타월에는 포용이라는 기능이 있다

의자가 없는 경우 생기는 불상사

못 버티면 일어나야겠다고 생각했는데 그런 가벼운 문제가 아니었다. 의자고 방석이고 없는 상태로 반나절을 보내자 엉덩이가 아픈 차원을 넘어 괴로웠다. 눕거나 일어나도 회복이 안 됐다. 어디로 도망칠 수도 없다. 살려달라는 말이 절로 나왔다.

팔이 저려 꼼짝하지 못할 때 반대쪽 손을 들고 팔이 이렇게 무거웠나 생각한 적이 있다. 그게 인간의 진짜 무게다. 소파나 매트 같은 부드러운 물건의 도움을 받아 평소 인간은 자신의 진짜 무게를 잊고 산다. 까먹고 있었다. 엉덩이가 몸의 무게를 받아들이지 못해 비명을 질렀다.

오랜만에 몸의 윤곽을 또렷이 의식했다. 첫날 고통이 찾아온 덕분에 지금까지 도구와 정보에 둘러싸여 개인의 형태가 보이지 않았음을 깨달았다.

> **Life Tip**
>
> - 사람은 생존을 위해 의자가 필요하다

소파는 그래도 있으면 좋은 안식처

100일간 소파를 도입하지 않고 지냈지만, 솔직히 소파는 역시 갖고 싶었다. 낮에는 이불을 접어 그 위에 앉았다. 그럭저럭 쾌적했고, 마음에 들었다. 소파가 있다는 것은 곧 소파 아래 무언가가 들어간다는 뜻이고, 다리나 모서리의 먼지를 제거하느라 고생한다는 소리기도 하다. 그래도 귀찮음을 무릅쓰고라도 소파는 필요하다는 결론에 도달했다.

장점은 누가 뭐래도 몸의 동작이다. 낮은 곳에 앉을 때와 소파에 앉을 때 쓰는 근육이 다르다. 낮은 곳에 앉거나 일어날 때는 내부 근육을 생각보다 많이 써야 한다. 지쳤을 때는 작은 행동에도 기합이 필요하다. 이것이 하루의 에너지를 착실하게 갉아먹는다.

물론 앉기 편해서 게을러지는 결점이 있지만, 장점과 단점을 저울질한 끝에 소파가 승리했다. 이렇게 절묘한 비교를 무수히 반복한 결

마침내 깨달은
생활의 윤곽과 물건의 가치

과로 각자의 삶이 만들어진다.

– 소파는 불필요한 동작을 줄여준다

삶 속에 좋아하는 향이 숨어 있다?

세탁 세제를 사용한 옷에서 나는 플로럴 향기. 핸드크림의 은은하고 차분한 향기. 참기름의 식욕을 돋우는 향기. 조용한 어느 가을밤의 향기. 삶에는 매력적인 향기가 넘치도록 많다. 생각 이상으로 존재감이 대단했다.

　나는 향수나 아로마 캔들을 모으는 취미는 없는데, 이번에 향기를 굉장히 좋아한다는 사실을 알았다. 기쁨이나 힐링으로, 시간을 느끼는 풍부한 요소로서의 향기를 더욱더 즐기고 싶다. 심플라이프는 공기 속에 있던 당연한 향기를 보물로 느끼게 해주었다.

– 생활이 가벼워지면 향기도 풍부해진다

컴퓨터는 무수한 실을 연결하는 일

운동화를 꺼내왔을 때, 세계의 범위가 넓어졌다. VR 고글은 현실의 레이어를 늘려주었다. 컴퓨터를 얻고 인터넷에 접속하자, 사회와 연결되는 무수한 실을 손에 넣었다고 느꼈다. 손에 넣었다기보다 몸이 알아서 묶이는 이미지에 더 가까웠다.

만약 코로나 시국에 인터넷이 없었다면 어땠을까. 분명 사람과 사람이 거리를 두어야 하는 시기. 하지만 사회와 연결되는 실도 없이 제각기 알아서 살아야 한다면 너무 고독하다.

사람과 쉽게 만날 수 없는 시기였던 점이 큰데, 역시 컴퓨터는 바깥 사회로 나가는 창문이었다. 전원을 꺼도 마음은 온라인에 있을 때가 있다. 그래도 때로는 마음이 원할 때 커튼을 치거나 셔터를 내릴 수 있다는 것도 기억하고 싶다.

Life Tip

- 심플라이프로 산다면 어쨌든 인터넷은 필수다

마침내 깨달은
생활의 윤리와 물건의 가치

'시간'의 발견
늘리기, 줄이기, 느끼기

아무것도 없는 방은 시간을 늘려주는 공간

스마트폰도 TV도 책도 없이, 아무것도 없이 텅 빈 방에서 지내자 인생의 시간이 우뚝 멈췄다. 처음에는 무료하고 한가해서 괴로웠다. 할 일이 없는 압도적인 무無. 심장 소리가 들릴 정도의 정적. 왠지 나 자신과 마주해야 하는 기분까지 들어 수행 같았다.

그래도 어느 정도 시간이 지나자 여기 있는 것은 무가 아니라고 깨닫기 시작했다. 창문을 열자 벌레의 대합창이 흘러 들어와, 원래 이렇게 소리가 컸나 의아했다. 아무것도 없는 방에서는 밤 향기가 최고의 콘텐츠였다. 냄새도 즐겁다. 창문을 연다, 귀를 기울인다, 바람을 맞는다. 물구나무서기를 한다, 내 몸의 무게를 안다. 시간에 얽매이지 않고, 이득을 따지지 않는 행동은 어쩌면 오감의 스트레칭이 아닐까.

둔해졌던 감성이 점차 예리해졌다. 시간을 '보내는 것'이 아니라 시간 속에 '지내는 것' 같았다. 그동안 늘 초조하게 앞날만 생각하느라 느끼는 것을 뒷전으로 미뤘다. 하지만 지금은 그저 그 자리에 있음을 오롯이 즐길 수 있게 되어 기뻤다.

길이보다 중요한 것은 흐름의 방식

차분해지면 천천히 해봐야지, 바쁜 게 끝나면 시작해야지. 이렇게 잔뜩 미룬 상태가 10년 넘게 이어졌다. 그것들이 손에 잡히지도 않고 머릿속에 둥실둥실 떠다녔는데, 뭐가 들었는지 보이지는 않지만 나의 가장 중요한 부분이라고 여겼다.

심플라이프를 시작한 처음 며칠은 아무것도 없는 방에서 수행하듯이 기다리는 나날이었으니까 둥실둥실 떠다니는 구름을 과감하게 덥석 쥐고 말을 걸어보았다. 그러자 그 구름은 "응? 아무것도 아닌데……?"라는 표정으로 나를 멀뚱멀뚱 바라보았다. 그래도 집요하게 붙잡고 들여다보았다. 과거의 응어리, 미래의 응어리. 2일도 지나지 않아 응어리들이 사라져 생각할 게 없었다.

내게 필요했던 것은 대답을 찾아낼 긴 시간이 아니라, 생각만 해도 안심할 수 있다는 짧은 공백이었다. 모순적이지만 넉넉한 시간은 짧아도 좋다. 길이보다 흐르는 방식이 중요하다.

요즘 머릿속의 미련을 며칠씩 가져가지 않으려고 일기를 쓰기 시작했다. 마음에 걸리는 것을 전부 눈에 보이게 하는 작전이다. 잘 보이지 않아서 마음에 걸릴 뿐이지 철저히 밝혀보면 별것 아닐 때가 많

마침내 깨달은
생활의 윤곽과 물건의 가치

다. 나는 생각만큼 복잡하지 않았다.

– 미련을 없애는 생각은 이틀이면 충분하다

시간을 줄이는 도구와 시간을 늘리는 도구

스마트폰을 들여다보면 대단한 것도 안 했는데 시간이 녹아버린다. 분명 시간을 빨리 가게 하는 도구의 최고봉은 스마트폰이다. 그리고 컴퓨터, TV, 게임, 만화도 그 부류에 속한다. 물론 게임이나 책에 열중하는 시간도 짧게 느껴지지만 만족감을 생각하면 시간을 줄인다고 볼 수 없다.

마음이 움직이지 않은 채로 시간을 훌쩍 날리는 물건을 '시간을 줄이는 도구'라고 표현하겠다. 반대로 '시간을 늘리는 도구'도 있다. 세탁기나 청소기는 집안일의 수고로움을 대폭 줄여 시간을 만들어준다고 할 수 있는데, 여기에서 언급하는 도구는 시간이 흐르는 속도를 느리게 해주는 도구다. 이게 있으면 바쁜 일상에 쉼표를 찍을 수 있다. 목적을 위해 성큼성큼 나아가는 것이 아니라 이 순간을 살아가는 것이 목적이 되는 도구들. 내게는 핸드크림, 편지 세트, 와인글라스 등이 그렇다.

지금 내게 어떤 시간이 흐르는지 의식하면 가진 도구로 시간을 조정할 수도 있다. 지금부터 집중하고 싶은가 느긋하게 쉬고 싶은가, 시간이 흐르는 방식을 의지만으로 조정하는 것은 의외로 어렵다. 하지만 어떤 도구가 나의 스위치를 켜주는지 알면 쉽게 조정할 수 있지 않을까?

Life Tip

– 트레이닝은 시간의 속도를 늦춘다

체감 시간을 늘리는 비법

아무것도 없는 방에서 지내거나 시간의 속도를 살짝 늦추는 도구를 도입하는 것 이외에도 체감 시간을 늘리는 비법이 있다. 그중 하나가 근육 트레이닝이다.

'그렇게 본격적으로 할 필요는 없어요. 자, 이 책을 읽는 여러분, 지금부터 20초 동안 투명의자 자세를 해보세요. 하셨어요? 진짜요? 한 척이 아니고? 했어요? 집요합니까? …어때요? 20초 길어! 시간아, 가라! 싶은 생각이 들죠? 인내심이 없는 저는 시간이 빨리 가기를 간절히 바랐어요.'

이 마음을 이용해 시간이 없어 미쳐버릴 정도의 상황이라면 근육을 괴롭히기로 했다. 시간이 가길 바라는지 바라지 않는지 모호해진다.

최근 시간 감각을 자극하는 행위를 하나 더 발견했다. 식물 재배다. 이번에도 본격적으로 할 필요는 없고 쪽파 뿌리를 물에 담가두기만 해도 느낄 수 있다. 몇 시간 후면 무럭무럭 자라니까 재미있어서 자꾸 상태를 살핀다. 아침에 일어나자마자 쪽파를 보는 생활. 내일은 얼마나 자랄지 기대감을 품고 기다리면 시간이 지나가는 것에 대한

마침내 깨달은
생활의 윤곽과 물건의 가치

죄책감이나 공포감이 흐릿해진다.

객관적인 시간이나 체감 시간 이외에도 식물의 시간, 동물의 시간, 빛의 시간 등 다양한 시간의 흐름이 존재한다는 것을 알았다. 의도적으로 시간을 늘리고 줄이며 마음껏 어울리면 기분이 좋아진다.

> **Life Tip**
>
> - 시계 없는 생활이 리듬을 선사한다

시계가 없으면 좋은 점 몇 가지

원래 거실 벽에 시계를 걸어두었는데, 100일 동안 마지막까지 시계를 꺼내지 않았다. 시계 따위가 필요 없다고 생각한 것은 아니다. 그저 시계 없는 방에서 살아보고 싶었다.

좋았던 점이 몇 가지 있다. 먼저 맑은 날, 하루 동안 빛이 어떻게 달라지는지 알았다. 아침에는 조금씩 밝다가 줄이 생기는 것처럼 부드러워지는 빛. 낮에는 열기 띤 광선이 한계를 모른다는 듯 내리쬔다. 그러다가 점차 볼륨 버튼을 조용히 줄이는 것처럼 해가 저문다. 배고픔을 느끼기 전에 빛이 달라졌으니 슬슬 점심 준비를 해야겠다고 깨닫는다. 집 안에 있어도 커튼 너머의 명도와 분위기로 충분히 알 수 있다. 머리로 생각하기에 앞서 피부가 시간을 감지하는 느낌이 신선했다. 본래 이것이 시계보다 인간 안에 먼저 있었을 감각일 것이다.

숫자가 아니라 빛으로 만든 리듬은 놀랍도록 건강해서, 어두워지면 졸리고 밝아지면 잠이 깬다. 그런 원리다. 신기하게도 시계를 보지 않으면 더 느긋하게 흐르는 것 같다. 앞으로는 당연히 시계와 어울려 살아가겠지만, 가끔 시계 없는 하루를 만들면 언제든 활기찬 리듬을 기억할 수 있겠다.

심플라이프 생활이 내게 가져다준 것

100일이라는 기간 동안 배운 점도 많다. 하지만 물건이 적어짐으로써 심신의 리듬이 초기화되는 감각은 사실 처음 2주 사이에도 충분히 느꼈다. 오히려 처음 며칠의 감동이 가장 컸다. 100일이나 2주 같은 일정 기간을 확보하지 못해도 상관없다. 이를테면 주말만 스마트폰과 컴퓨터에서 멀어져 디지털 디톡스를 해도 분명 효과가 있을 것이다. 앞으로 답답하다고 느껴질 때 해보고 싶다.

만약 물건 없는 생활을 체험해보고 싶다면, 이사하는 타이밍을 이용해도 좋다. 새집 입주일을 조정해 짐이 도착하기 전에 잠깐 살아보는 식으로. 또 최대한 빈손에 가까운 상태로 여행을 하거나 호텔에 묵어보는 것도 비슷한 감각을 느낄 수 있다. 정기적인 환경의 변화가 삶과 감도의 관리로 이어진다.

마침내 깨달은
생활의 윤곽과 물건의 가치

삶에는 상대성이론이 존재한다?

게으르게 보낸 일요일과 당일치기로 보낸 휴일은 시간이 흐르는 방식이 전혀 다르다. 교장 선생님의 훈화를 듣는 10분과 게임에 몰두하는 10분도 엄청난 차이다. 어른의 3개월과 아이의 3개월도 다르다. 아마 모두가 실감할 텐데 시간은 늘어났다 줄어든다.

심플라이프 도전으로 심신이 가벼워진 결과, 비로소 시간의 형태가 보이기 시작했다. 집에서 보내는 평범한 하루에도 시간이 흐르는 방식이 존재한다.

24시간을 48시간으로 늘리는 비법은 아주 사소했다. 물건 줄이기, 정보 차단하기, 밤 산책하기, 편지 쓰기. 하루 중 잠깐이라도 여유롭게 살거나 반대로 충실하게 뛰어 지내보면, 시간이 달력에 무의미하게 기록되는 것 같다는 생각이 줄어들지 않을까.

최근 나는 시간에는 두 종류가 있다고 결론을 내렸다. 흐르는 시간과 만지는 시간. 지금 시간이 그냥 막 흘러가면 안 되니까 저쪽 시간으로 이동하자. 이렇게 시간의 프레임을 오가는 일상형 타임 트레블러가 되었다.

> **Life Tip**
> – 시간의 총량은 개인의 몫이다

'청결'의 발견
샤워하기, 화장하기, 청소하기

치약을 쓰는 것은 곧 나를 돌보는 행위

치약은 52일째에 가졌다. 이렇게 늦어진 이유는 치약 없는 생활에 조금 심취했기 때문이다. 치약 없이 이를 닦으면 '깨끗해진 느낌'이 쉽게 들지 않으니까 결과적으로 자연스럽게 시간을 더 쓰게 된다. 지금까지는 크림 같은 감촉과 민트의 상쾌함으로 깨끗해진 느낌을 받았다. 민트의 덫이다. 치약 없는 금욕적인 이 닦기는 앞으로도 가끔 하고 싶다.

오랜만에 치약을 써보니 놀랍도록 호화로운 기분이었다. '내 입이 고급 에스테틱 같아.' 치약으로 이를 닦는 것은 곧 나를 돌보는 행위였다. 이를 닦는 것도 치약을 쓰는 것도 다 내가 소중하기 때문이다. 이러한 사실을 떠올리자, 자기 긍정감이 훌쩍 높아졌다.

> **Life Tip**
>
> – 치약이 있으면 양치 시간이 단축된다

마침내 깨달은
생활의 윤곽과 물건의 가치

손톱깎이는 생존을 관측하는 도구

7일째 손톱깎이를 선택해야 했을 때 조금 분했다. 아직 필요한 것들이 잔뜩 있는데 자주 쓰지도 않는 이 자그마한 도구를 카운트해야 하다니….

그런데 횟수를 세보지만 않았을 뿐 손톱깎이는 의외로 자주 쓰는 물건이었다. 짧은 손톱을 선호해서 7일에서 10일 정도만 지나면 손톱 끝이 근질거린다. 약 3개월 동안 10번 이상 쓴다고 생각하면 완벽한 필수품이다.

게다가 태어나 처음으로 손톱 깎는 주기를 알자, 갑작스레 생물이라는 현실감에 재미있었다. 5월에 자라는 식물처럼 의외로 손톱이 무럭무럭 자란다. 손톱을 깎는 행위는 살아 있는 나를 정점관측 하는 것이다.

> **Life Tip**
>
> – 손톱깎이는 빈도수와 관계없이 필요하다

사람은 왜 물에 젖으면 비참해질까

목욕을 마치거나 세수 한 후에 수건이 없으면 비참하다. '얼굴이 젖으면 힘이 나지 않는다'는 말을 어디서 들었는데 정말이었다. 물이 한 방울, 또 한 방울 흐를 때마다 자존심이 뚝뚝 흘러내렸다.

물기를 말리고 싶어 고민 끝에 개의 행동을 참고했다. 머리를 흔들며 점프하는 꼴이 우스웠지만 무시할 수 없는 효과가 있었다. 하지만 그래도 부족함을 느꼈는지 4일째에 목욕 타월을 선택했다. 오랜만에 얼굴을 닦았을 때의 기쁨은 형용할 수 없을 정도다.

사람은 수건에 감싸일 때 마음도 함께 감싸인다. 앞으로 흠뻑 젖은 누군가를 보면 그 사람을 감싸는 심정으로 수건을 건네야겠다. 괜한 오지랖이 아니기를 빈다.

바디워시 하나로 깔끔해지는 비밀

100일간의 심플라이프 도전을 위해 존재하는 듯한 슈퍼 럭키 아이템, 바디워시. 이거 하나로 머리카락도 몸도 씻을 수 있는데, 나는 그 힘을 맹신해 비누와 컨디셔너도 버렸다. 1개의 물건에 4개의 가치가 있다. 완전 이득 아닌가. 가족 전원이 바디워시를 썼더니 욕실이 무섭도록 깔끔해졌다. 그러자 청소도 하기 편해졌다.

신체 관리를 간략화한 것이지만, 나를 함부로 다루는 것은 아니다. 귀찮은 수고를 생략하는 편이 나에게 잘 맞는 관리였다. 무엇에 비중을 둘지는 오로지 개개인에 달렸으니 마음의 목소리에 귀를 기울여 좋은 기분을 추구하고 싶다.

마침내 깨달은
생활의 윤곽과 물건의 가치

면도기의 우선순위

얼굴 면도기는 도전을 시작하고 78일이 지난 후에 꺼내왔다. 예전부터 여행을 갈 때 늘 가지고 다니는 필수용품 중에 하나다. 얼굴 솜털이나 눈썹, 손가락 털의 생명력은 무서울 정도로 강인하다. 며칠마다 처리하지 않으면 마구 자란다. 사실 3일째부터 갖고 싶었다. 다만 정말 갖고 싶었다기보다 깎아야 한다는 강박에 가까웠다.

내게 필요한 물건을 1위부터 쌓는다면 면도기는 78위였다. 순위가 꽤 낮다. 털 따위는 아무래도 좋으니까 책을 읽고 싶었고, 마음껏 토기 인형을 사랑하며 지냈다. 털들을 자유롭게 뒀더니 참으로 쾌적했다.

강박관념이 없어지면 면도기의 우선순위는 낮다. 그래도 결국 꺼내는 이유는 무엇일까. 깎고 싶을 때 깎으면 나름 개운하기 때문이다. 솜털이 반짝이는 피부도 좋고, 매끈한 손가락도 귀엽다. 무인도에 가도 가끔은 깎고 싶다. 그것도 78일마다 나를 위해서.

> **Life Tip**
>
> - 면도기는 기분 전환용으로 딱이다

화장품은 얼굴을 위한 스위치

심플라이프에 도전한 100일간은 코로나 시국이어서 외출이나 사람과 만날 기회가 극단적으로 적은 시기였다. 따라서 평소와 비교해 화장품의 필요성이 꽤 낮았지만, 일단 놓았다가 다시 만나니 좋았다.

CC크림, 립글로스, 아이브로우 섀도를 모을 때마다 얼굴에 전구가 하나씩 켜지는 감각이었다. 지금까지는 남들 앞에 서기 위한 화장이 많았는데, 오직 나를 위한 화장을 새롭게 알았달까.

블러셔는 꼭 있어야 할까

그동안 가져온 화장품은 스킨, 메이크업베이스, CC크림, 립글로스, 아이브로우 섀도. 늘 파우치에 넣고 다니는 아이섀도와 블러셔는 선택받지 못했다.

중학생 때, 안색이 나빠 보이는 게 싫어서 몰래 블러셔를 바르고 등교하곤 했다. 블러셔를 바르지 못할 때는 아파트 복도에서 뺨을 후려치고 출발했다. 그때는 화장 하면 곧 블러셔였다.

어른이 된 지금은 다른 무엇보다 일단 전체적으로 칙칙한 피부를 커버하는 게 급선무다. 화장에 블러셔는 필수라고 믿었는데, 사실 요즘은 잘 모르겠다. 핑크와 오렌지 중에 어느 쪽이 어울리는지도 고민이고, 광대에 해야 하는지 볼에 해야 하는지 여전히 모르겠다. 매일 고개를 갸우뚱한다.

이번에 블러셔를 그만둬봤는데 뭐람, 딱히 필요 없었다. 얼굴에서 망설임 하나가 사라졌다. 어디까지나 나의 경우니까 누군가에게는 불필요할 수도 있다. 당연하다고 소유한 물건이나 습관 중에 사실 없어도 되는 게 더 많았다.

- 블러셔는 화장에 필요 없었다

하루를 통째로 바꾸는 약?

한 달에 한 번쯤 아무것도 못 할 정도로 두통에 시달린다. 그럴 때면 일단 잠을 청하지만 딱히 나아지지 않아서 결국 두통약을 먹는 방법 뿐이 없다. 진통제라 몸에 부담이 되겠지만, 안 먹으면 그날은 그냥 끝이다. 허무한 1일이다.

약 하나로 평소처럼 생활할 수 있다. 겨우 두 알로 하루가 전혀 달라진다. 그러니 약은 나의 필수 아이템 100에 당당히 올라가는 물건이다. 건강할 때는 가볍게 여기지만 있고 없고의 차이는 엄청나다.

100일 중 두통을 느낀 어느 날, 망설이지 않고 약을 선택했다. 그때까지 의식하지 못했는데, '저요!' 하고 두통약이 먼저 뛰쳐나왔다. 내게 상비약이 얼마나 중요한지 깨달았고 앞으로도 방심하지 않고 가지고 다닐 테다. 출장, 여행은 물론이고 잠깐 외출할 때도 들고 다니고 싶다. 물건 중에는 이처럼 몸과 밀접하게 연결된 것이 많다.

- 두통약은 집에 하나쯤 있으면 좋다

청소를 부르는 생활

즉살. 쓱, 쓱, 쓰윽쓰윽, 쓰으윽, 종료, 이런 느낌. 지금까지 청소기를 돌리기 귀찮았던 이유는 가구나 바닥에 놓인 물건들 때문이었다. 정말 아무 부담이 없으니까 자꾸 청소기에 손이 갔다. 편하니까 기분이 좋고, 기분이 좋으니까 계속한다.

평소에는 귀찮았던 청소나 정리가 왜 심플라이프에서는 이토록 힐링이었을까. 물건이 적어서 고생이 줄어드는 것 이상으로, 모든 것이 눈에 잘 들어오고 잘 보인다는 이유도 크다.

지금까지는 청소를 해도 여전히 마음에 걸리는 부분이 있었다. 닿지 않는 곳이 여전히 더러울 것 같은데, 매번 어느 시점에서 타협을 하고 끝냈다. 하루를 투자해 정리를 해도 떨떠름한 감정이 사라지지 않으니까, 어차피 완벽과는 거리가 멀다는 허무함이 엉덩이를 무겁게 했다. 도저히 못 할 것 같은 부분이 사라지자, 집을 마치 내 몸처럼 느끼게 되었다.

> **Life Tip**
>
> – 물건이 없을수록 청소는 빨라진다

청소도구는 릴렉스 아이템

창문을 열고 빛을 받으며 침구에 돌돌이 카펫 클리너를 굴려 머리카락을 제거한다. 어찌나 즐거운지 흥분해서 코피가 터질 것 같다. 제거할 먼지가 사라지면 아쉬울 정도다. 한때 매일 하는 청소는 내게 귀찮은 작업이었다. 아니, 자유시간을 깎아 먹는 적일 뿐이었다. 그런데 그 것을 포상처럼 느끼게 된 데에는 여러 가지 이유가 있다.

먼저 자유시간 자체가 늘어났다. '시간' 항목에서도 다뤘듯이 물건이 줄어들면 시간이 늘어난다는 공식을 확인했다. 자유로운 시간이 늘어 마음에 여유도 생겼다.

또 즐길거리가 없어 작업 하나하나에 재미를 느끼게 된 면도 있다. 이건 불쌍한 사람의 자기합리화가 아니다. 대부분은 감성을 꿰뚫지 못하고 스쳐가는 정보이니만큼 앞으로도 청소를 즐겁게 느낄 정도의 공백은 갖추고 싶다.

> **Life Tip**
>
> - 돌돌이 클리너가 오히려 자유를 준다

'일'의 발견
마음먹기, 정리하기, 해결하기

귀차니즘이 사라지는 심플라이프

물건이 적은 방에서는 집중력이 향상되고 업무 효율도 올랐다. 또 뭔가를 귀찮아하는 일이 눈에 띄게 줄었다. '좋아, 메일을 보내야지', '좋아, 정리를 해보자'. 왜 물건이 줄어들면 이렇게 가뿐해질까.

어쩌면 줄곧 기분을 무겁게 했던 것은 수많은 도구였을지 모른다고 가정해본다. 관리하기 어려운 양의 도구들이 방이나 습관에 의해 몇 개의 블랙박스를 만들었다. 아무것도 없는 바닥은 순식간에 청소기를 돌릴 수 있듯이 일도 시야가 깔끔할수록 쉽게 진행할 수 있다. 엉성한 면을 만들어낸 사람은 나였고, 생활의 난이도를 높인 장본인 또한 나였다.

> **Life Tip**
>
> – 물건이 줄어들면 집중력이 향상된다

마침내 깨달은
생활의 윤곽과 물건의 가치

인풋과 아웃풋은 틈이 필요해

내게는 나름의 인풋과 아웃풋의 규칙이 있다. 어딘가에 가서 체험하거나 책을 읽거나 영화를 보는 것이 인풋이고, 그 내용을 라디오나 친구에게 말하거나 적는 것이 아웃풋이다. 아웃풋은 인풋을 넘지 못하고, 아웃풋을 할수록 신진대사가 오른다. 그렇게 열심히 믿고 흡수하고 발신해왔다. 그러나 바쁜 일상 속에 흡수하려고 안달을 내다 보니 뭔가 소화하지 못한 채 흘려보내는 감각도 있었다.

심플라이프로 여유가 생기자 그저 느끼는 시간이 생겼다. 무언가와 만난 후의 생각을 숙성하는 시간, 무언가를 만지고 싶은 힘을 강화하는 시간. 그렇게 되자 내가 발신하는 것에 예전보다 무게감이 실린 느낌이 들었다. 인풋도 아니고 아웃풋도 아닌 시간이 인풋과 아웃풋의 강도를 높여 준 셈이다.

> **Life Tip**
>
> - 인풋과 아웃풋은 느끼는 시간이 중요하다

디지털 디톡스효과

컴퓨터 바탕화면이 너무 정신없었다. 토크콘서트에서 컴퓨터를 스크린에 연결할 때 모든 아이콘을 '임시'나 '정리' 폴더로 몰아넣어 해결했다. 마감이 코앞이면 바탕화면에 'fixfixfix.mov'나 '진짜_레알_최종.dock' 같은 파일을 마구 생성했다. 어느 폴더에 넣었는지 까먹을까 봐 두렵다. 어느 폴더에 있는지 모르는 이유가 이렇게 그때그때 이름을 붙이기 때문인데. 나 자신과의 무의미한 싸움이다.

그런데 심플라이프에 도전을 시작하자 자연스럽게 데이터를 분류하게 되었다. 심지어 어느 날은 원격 회의 당시의 화면을 공유했더니 "바탕화면이 왜 이리 깨끗해요!"라는 칭찬을 들었다.

누군가가 말했다. "복잡한 화면은 복잡한 마음의 증거다." 심플한 방에서 생활한 결과, 머리가 정리되어 여유가 생겼다. 내가 관리할 수 있는 양을 알았다. 이름과 장소를 만드는 것은 도구나 데이터나 똑같다.

생활이 초기화되면 일도 잘 풀릴까

심플라이프를 실천하면서 다른 어느 때보다 잘 풀린다고 생각했다. 이유는 아마도 다양할 것이다. 처음 며칠은 디지털 디톡스를 한 덕분에 머리가 개운해졌다. 눈에 들어오는 정보량이 적어지자 집중하기 쉬워졌다. 유혹이 적다. 하루라는 시간이 길게 느껴지자 여유가 생겼다.

그러자 이번에는 귀찮다는 감정이 줄었다. '아마 이게 제일 큰 이유겠지.' 지금까지 나는 무언가에 쫓기면서도 무언가를 쫓는 것 같았고 무엇을 짊어졌는지조차 파악하지 못한 상태였다. 보이지 않는 곳에 소중한 것이 있다고 느끼면서 실상 그 전부를 파악하는 일이 너무도 두려웠다. 잘 모르는 것은 언제나 거대하고 무섭다.

심플라이프로 초기화되자 조금씩 실태가 드러났다. 보이지 않는

마침내 깨달은
생활의 윤곽과 물건의 가치

부분에 그리 대단한 건 없었다. 일단 마음이 놓인 상태로 확인하고 눈 앞의 것을 끝내기만 하면 된다. 이로써 모든 작업에는 끝이 있다고 믿게 되었다. 심플라이프와 머릿속 내부는 분명 상호작용을 한다.

– 잘되려면 일단 방부터 치워라

'재미'의 발견

음악 듣기, TV 보기, 감상하기

자극 부족을 막는 가장 확실한 방법

텅 빈 방에서 가벼워진 몸으로 듣는 음악은 거의 극락이었다. 처음 며칠간 금욕적인 환경에 오감이 극도로 예민해진 덕분이다. 평소 무선 이어폰으로 라디오나 음악을 들으며 작업할 때가 많은데, 한동안 그러지 않았더니 귀가 자극 부족 상태에 빠져 짜릿했다.

그렇다, 심플라이프는 어떻게 보면 사우나 같다. 일단 물건을 없앤다는 것은 정보를 줄이는 일이니까. 그런데 극한까지 정보량을 줄인 방에는 숨 막힐 듯한 '무'가 있었다. 처음에는 불안했으나 점차 감성에 숨구멍이 뚫렸다. 스트레스나 고민으로 꽉 찼을 때 듣는 음악도 구원이지만, 조용한 마음에 자극을 줄수록 몸이 정돈되었다.

> **Life Tip**
>
> - 자극이 부족할 땐 음악을 처방한다

마침내 깨달은
생활의 윤곽과 물건의 가치

보드게임은 서로를 위한 훌륭한 구실

보드게임은 단순한 장난감이 아니라 인생의 의미를 가르쳐주는 도구다. 사람과 마주할 이유를 만들어주는 존재이기 때문이다. 물론 보드게임이 있는 덕분에 사람을 마주하지 않아도 된다고 표현할 수도 있다. 혼란스러운데, 그게 사실이다.

마주하지 않고 마주한다. 외면하기 어려운 관계성이 있다. 오랜만에 만나 공통 화제가 없는 친구, 사이가 좋아 대화를 나눠야 하는 가족, 처음 만난 사이, 맞는 않는 타인 등. 어떤 관계든 보드게임 하나면 함께 시간을 보낼 수 있다. 대화에 의미가 있어야 한다는 압박이나 성격의 상성 따위를 뛰어넘어 시간과 장소를 공유하는 것 자체에 의미가 있다고 여기게 된다. 보드게임은 내게 필수 불가결한 100개 물건 중의 하나이고, 타인과 함께하는 삶을 상징하는 아이템이다.

> **Life Tip**
>
> – 보드게임은 화목한 분위기에 일조한다

집에서도 여행을 할 수 있다?

여행을 좋아한다. 국내외를 불문하고 며칠간 여유가 생기면 반드시 여행을 떠난다. 여행의 좋은 점은 모르는 장소와 물건을 만나는 신선함, 또 일상을 제대로 부감할 수 있다는 사실이다. 여행이란 비일상이다. 또 일상을 객관적으로 보는 눈은 비일상에 있을 때만 가능하다. 신선함과 부감력, 나는 이 2가지를 여행을 떠나야만 얻을 수 있다고 믿었다.

그런데 심플라이프에 도전하면서도 이를 느낄 수 있어 놀라웠다. 나름대로 잘 안다고 여겼던 도구들의 색다른 면을 알게 된 것이다. 생활 스타일을 획 바꿈으로써 일상을 '지금까지의 생활'과 '지금의 생활'로 나눌 수 있었다. 또 삶의 윤곽이 드러났다. 여행할 때처럼 매일 발견이 있었다. 집에 있어도 여행은 가능하다. 앞으로도 여행하는 것처럼 살았으면 좋겠다.

> Life Tip
> - 생활 스타일만 바꿔도 여행하는 맛이 난다

VR 고글은 세상을 덧입히는 도구

앞서 신발이 있으니까 바깥세상으로 나갈 수 있다고 언급했다. 맨발로 뛰쳐나갈 용기도 선택지도 없는 이상, 조금 과장해 신발은 필수다. 이와 비슷하게 VR 고글을 손에 넣자 기존의 세계가 넓어졌다.

게이머가 아니어도 새로운 것을 좋아해 이 생활 몇 개월 전부터 푹 빠져 있었다. VR 고글을 쓰면 아무것도 없는 방이 벽난로가 있는 호화 거실로 변한다. 물론 이전부터 가상공간의 재미를 알고는 있었다. 아무것도 없는 방과 가상공간이 주는 낙차가 극단적이어서 한 차원 다른 미래로 온 감각까지 느껴졌다. 몰입감이 대단해서 감상이 아니라 체험이라고 해도 지장이 없었다. 최신 기술은 이처럼 대단하다.

VR 체험은 자신의 세계에 레이어를 하나 늘리는 것이다. 물건이 없는 삶, 그 궁극의 경지랄까. 물론 가상공간에 이상적인 방이 있다고 지금 인생이 어떻게 달라지진 않겠지만.

가장 실속있게 살아가는 방식

하루에 1개씩 물건을 꺼내는 사이 무얼 위해 사는 걸까 싶은 생각이 여러 번 들었다. 이것도 저것도 부족하다면서 필요한 것만 구하는 데 지쳐버렸다. 어제보다 오늘, 오늘보다 내일. 점점 쾌적하게 살고 싶다는 에너지는 일견 긍정적이고 훌륭한 배움이 있다. 그러나 인생의 목적은 오로지 향상이 다가 아니다. 제자리에 멈춰 춤추기, 나는 이쪽을 택하고 싶었다.

전자레인지보다 토기 인형을, 옷걸이보다 꽃병을, 밥솥보다 화집을. 오늘이라는 하루를 마음껏 맛보기 위해 더 소중한 것들이 있다. 뭐가 필요한지 신중하게 비교해 필수품을 꺼낸 날도 있었지만, 필요하지 않은 물건을 그냥 꺼내는 날도 있었다. 그것은 삶을 재정의하는 이번 도전을 통해 어떻게 살고 싶은지를 깨닫는 나의 바람이기도 했다.

나는 즐겁게 살고 싶다. 기본적으로 사는 것에 별 의미도 사명도 없으니 살아가는 것 자체가 목적이라고 생각했다. 편리와 효율을 없앤다면 궁극적으로 아무것도 안 하는 삶이 가장 실속 있게 사는 방식 아닐까. 사람은 원하는 대로 사는 것이니까 젓가락이 없어도 책을 읽고 싶으면 읽는다. 실제로 아주 많은 것을 손에서 놓았을 때 불편함을 느끼면서도 하고 싶은 기분이 들었다.

좋아하는 것을 곁에 두고 싶은 마음

71일째에 토기 인형을 선택했을 때, "왜 인형이야?"라는 질문을 정말 많이 받았다. 만약 내가 인기 애니메이션의 오타쿠여서 캐릭터 피규어를 모셔왔다면 이렇게까지 의아하게 여기진 않았을 텐데. 사실 토기 인형도 인기 피규어다. 좋아하는 것은 곁에 두고 싶다.

몇 년 전부터 선사시대에 푹 빠져 있다. 완전히 빠졌다고 생각한 것은 화염형 토기(불꽃 모양의 구멍을 뚫은 토기 - 옮긴이)에 그을린 자국이 있다는 소리를 들은 직후였다. 의식용 도구라고 들었는데, 평소에도 썼던 모양이다. 그렇게 주렁주렁 장식이 달려 있는 불편한 토기로 밥을 짓다니 무모하다. 편하게 쓰려면 장식은 적은 편이 좋다. 그 시대 사람들의 합리적이지 않은 감성이 좋았다.

필수품만 묵묵히 모으는 삶은 재미가 없다. 살아가는 의미를 잃을 것 같아서다. 옛날 사람들이 호화로운 장식의 토기로 식사를 차린 마음을 이해한다. 신성함과 친근감을 겸비한 토기 인형 역시 제사 때만 사용되기보다 생활 속에 있길 원하지 않았을까. 물론 내 멋대로의 망상이다. 과거의 유물은 마음껏 망상할 수 있는 즐거움도 있다.

마침내 깨달은
생활의 윤곽과 물건의 가치

나에게 있어 토기 인형은 합리적이지 않은 것에 깃든 인간다움을 잊고 싶지 않다는 하나의 상징이다. 그래서 바로 생활 속에 도입했다.

스마트폰은 감성의 외장하드

흐르는 시간을 느긋하게 누리는 법을 배웠어도 스마트폰을 얻으면 하루 만에 안달복달하는 일상으로 돌아왔다. 정말로 그렇게 되더라. 도대체 왜일까?

어쩌면 모르는 사이에 나라는 존재를 업로드한 탓인지도 모른다. 좋아하는 각종 콘텐츠, 보여주고 싶은 자신, 타인과의 잦은 교류, 그 대부분이 컴퓨터 속에 있다. 현실에 단단히 발을 딛고 섰다고 생각해도 어느 날 갑자기 계정이 삭제되면 허무하다. 즉, 그것은 수중으로 다시 돌아오지 않을 가능성이 있는 나의 일부다.

스마트폰은 감성의 외장하드 같다. 본체가 감성을 구사할 때만 본래의 시간을 느낄 수 있다는 이론을 요즘 자주 떠올리게 된다.

TV는 시간 도둑이라는 것도 옛말

개인의 생활 속에 TV가 차지하는 위치가 매년 달라진다. 어려서는 집에 오면 일단 TV부터 켜고 온종일 보는 날도 있었다. 지금은 그 역할을 컴퓨터가 대신한다. 아침에 일어나면 일단 인터넷. 매일 보는 것도 인터넷이다. 반면 TV는 오히려 영상물을 집중해 보고 싶을 때나, DVD 작품을 골라 보는 도구로 변했다. 예전에는 TV와 함께 놀았는데 지금은 인터넷과 노는 비중이 더 높다.

심플라이프로 TV를 도입하면 하루가 짧아질 줄 알았는데 의외로 문제가 없었다. 오히려 실시간으로 보고 싶은 방송을 태블릿보다 큰 화면으로 볼 수 있게 해준 덕분에 어떤 의미에서 시간을 충실하게 보내는 물건이었다.

TV나 인터넷도 능동적으로 접하느냐 수동적으로 접하느냐에 따라 생활시간에 미치는 영향이 달라진다. 타성적인 힘은 어쩔 수 없더라도 물건 자체가 시간을 훔치지는 못한다. 인터넷과 조금만 더 거리를 둘 수 있다면 자유 시간을 더 많이 찾을 수 있겠다.

> **Life Tip**
> - TV는 시간 단축과 큰 상관이 없다

'독서'의 발견

선택하기, 독서하기, 소장하기

9일째 갖고 싶은 것

직접 책방을 열 정도로 오래전부터 책을 좋아했다. 9일째는 아직 일정 수준의 생활필수품을 모아야 하는 혹독한 시기였음에도 불구하고 책이 갖고 싶어졌다.

아무것도 없는 시간에 즐거웠지만 역시 ○○에 굶주렸던 것 같다. 이 ○○에 들어가는 단어가 뭘지 곰곰이 생각하며 글을 쓴다. 재미? 자극? 정보? 전부 살짝 아쉽고 뭔가 다르다. '좋아하는 것'에 조금 더 가까울까. 좋아하는 것들은 때때로 재미나 자극, 정보를 넘어 안심하게 해준다. 그러니 내게는 책이지만 사람에 따라서는 음악일 수도 있고 꽃병일 수도 있다.

9일 만에 책을 펼친 순간, 가슴이 뭉클하고 감동했다. 책의 맨 앞장에는 반드시 '도비라' 페이지가 있다. 지금까지 본 그 어떤 도비라보다도 멋있었다. 참고로 도비라扉는 '문'이라는 뜻으로 책 제목이나 각장의 소제목 등을 실은 속표지이다.

문이 벌컥 열렸다. 살풍경한 방에서 자신을 마주하던 참이었는데 다른 세계로 마음이 날아가자 해방되는 기분이 들었다.

Life Tip

- 책을 선택하면 새로운 문이 열린다

집중하는 생활에 해방이 있다?

나는 '탑 쌓기 상습범'이다. 아니, 책 타워 1급 건축사다. 이렇게 책을 쌓아놓는 행위를 하나의 독서 스타일로 합리화한 적도 있다. 이 생활에서는 필연적으로 한 권의 책에 집중했다.

'한 권만 읽다니, 생각보다 괜찮네.' 몰입도가 20퍼센트 늘어났다. 잠깐 덮고 다른 장르를 읽을까 싶은 부분에서 책을 놓지 않자 오히려 자세와 집중력이 탄탄해졌다. 책은 읽는 이의 정신을 반영하는 거울이어서 신기하게도 그때그때 원하는 말이 적혀 있을 때도 많다.

우유부단한 면이 있어서 여행을 갈 때도 책을 세 권은 가지고 다닌다. 생각해보면 여행은 한 권에 마음을 쏟을 절호의 기회니까 다음에는 권수를 줄여볼 생각이다. 여행지에서 책을 사는 미래가 보인다.

Life Tip

- 한 권만 읽을수록 몰입도가 높아진다

마침내 깨달은
생활의 윤곽과 물건의 가치

책을 원하는 마음과 책장이 바라는 욕구는 별개

한 권씩 집중하는 독서도 신선해서 좋았다. 그러나 책이 있는 것과 책장이 있는 것은 이야기가 사뭇 달라진다는 사실을 발견했다. 갑자기 딱 한 페이지만 읽고 싶은 책이 있다. 뉴스를 보다가, 다른 책을 읽다가, 누구와 대화하다가. '이거 그 책에도 있었지' 하며 확인하고 싶은 생각이 드는 것이다. 그 순간이 언제 다시 찾아올지는 모른다. 또 나중에 읽으려고 접어놓은 책 중에 평생 읽지 않을 것도 있다.

그래도 있을지 없을지 모를 한순간을 위해 책장을 원한다. 지금까지 수집한 책의 나열은 곧 자기 마음의 역사다. 산 것까지는 좋았는데 읽지 않은 책도 마찬가지다. 책을 읽고 싶을 때 책이 없다는 건 제법 큰 스트레스였다. 세 평짜리 방 일면에 설치한 책장은 압박감이 대단했다. 그래도 내가 원했던 압박감이다. 앞으로 어떤 계기를 통해 미니멀리스트가 되더라도 책장만큼은 없애지 못할 것 같다.

참고로 나는 전자책도 좋아한다. 그래도 다시 읽는 것은 대부분 종이책이다. 왜일까? 아무래도 종이책 쪽이 세계에 관여하려는 에너지가 커서 나도 모르게 읽게 되는 것은 아닐까. 똑같은 정보가 적혀 있더라도 읽는 당시에 마음을 쏟은 책이 감정과 어우러져 더 기억에 남는다. 물론 나는 전자책도 좋아하기 때문에 종이책과 적대 관계라고 생각하지는 않는다.

> **Life Tip**
>
> - 책장은 자기 마음의 역사를 위해 있어도 좋다

'사물'의 발견
고르기, 줄이기, 깨닫기

90퍼센트는 안 쓰는 물건이었다?

삶이 100개의 물건으로 충분히 채워진다고 생각하자 오싹해졌다. 지금까지 집에 있던 물건의 90퍼센트 이상이 100일간 필요하지 않다는 점을 깨달아서였다. 가지고 있는 물건 대부분이 거의 쓰지 않는 물건이었다. 쓰지 않는 것이 곧 필요 없는 물건은 아니지만, 아무리 그래도 너무 많지 않나 싶은 생각이 들었다.

쓰지 않는 물건에 둘러싸여 잠에서 깨고 밥을 먹고 또 자는 삶을 살고 있었다. 인간은 참 재미있는 동물이다. 합리성이고 뭐고 전혀 없다. 필요 없는데도 가지고 있는 추억의 물건, 혹시나 싶어 절대 놓지 않는 희망의 상징. 비버가 나뭇가지를 모아 강 상류에 바지런히 집을 짓는 것처럼 인간은 어떤 기억이나 가능성을 모아놓고 산다. 이렇게 생각하니까 어쩐지 조금 귀엽다.

> **Life Tip**
>
> - 물건의 90퍼센트는 버려도 문제없다

마침내 깨달은
생활의 윤곽과 물건의 가치

불편할수록 번뜩이는 아이디어

가위가 없어 손톱깎이로 칼집을 내고, 우유갑으로 도마를 대신해 쓰는 생활. 100일을 채우면서 있는 물건으로 어떻게든 해결하려는 힘이 크게 성장했다. 불편함과 마주할 때마다 이쪽을 담당하는 두뇌의 방이 자극을 받는 기분이다. 아주 작은 발상에도 "나는 천재야!" 하며 우쭐할 수 있고, 좋은 아이디어만 떠올라도 최고의 하루가 된다.

반대로 편리한 삶 속에서는 이 소소한 발상의 기회를 무수히 빼앗기는 것은 아닐까. 궁리는 곤경을 극복하는 방법이고, 인간다움은 분명 그곳에 깃든다.

그렇다고 앞으로 기본적인 도구까지 없애고 생활하고 싶은 마음은 없다. 그저 이번에 느낀 점을 토대로 귀찮은 일에 굴하지 않고 언제나 신선한 자극을 주며 살아가고 싶다. 캠핑이나 텃밭도 좋다. 새로운 식재료로 요리를 한다거나 뭐 그런 것도. 생활에 익숙해지지 않는 노력도 어쩌면 최대한 삶을 즐기는 요령이다.

> **Life Tip**
> - 익숙지 않은 생활도 삶을 즐기는 요령이다

적은 물건이 갖는 '부적 효과'

나는 꽤나 금방 질리는 성격이라 다양한 물건을 가지고 싶어 한다. 그런데 반대로 다양한 물건을 가졌기 때문에 금방 질리는 면도 없지 않아 있다.

이번에 특히 놀란 점은 좋아하는 마음의 지속 시간이 길어졌다는 사실이다. 하루 1개의 물건을 선택하는 일은 하루 1개의 선물을 받는 것만큼 기쁘다. 그렇게 소중하게 선택한 물건은 100일째에도 변함이 없었다. 아니, 100일이 끝난 지금도 좋아한다.

이유는 다양하다. 먼저 좋아하는 마음이 큰 물건을 골랐으니까. 저 마음속 깊은 곳에서 그토록 원하던 물건이다. 또 그에 더해 스스로 인식할 수 있는 숫자라는 점도 크다. 좋아하는 것들이 많으면 머리에서 넘친다. 기억하지 못한다. 수가 한정적이기 때문에 부적처럼 특별함을 유지할 수 있었다.

그렇다고 앞으로 미니멀리스트로 살아갈 생각은 딱히 없다. 마음 한쪽에 등불을 켜듯 계속 밝히면서 그저 좋아하는 것을 좋아하기 위해 너무 가지지 않는 편이 좋다고 내게 말해주려 한다.

> **Life Tip**
>
> – 소중하게 고른 물건은 지속시간도 늘어난다

있는 것만으로 충분히 충족되는 생활

하루 1개씩 물건을 늘려봤자 100일째 겨우 100개다. 충분할 리 없다. 평소에도 수만 개의 물건에 둘러싸여 있을 테고, 보드게임만 해도 100개 이상 있을 것이다.

그런데 마지막에 가서는 뭔가 원하는 것도 지친다고 생각했다. 100개째 도달하기도 전에 이미 필요가 없었다. 계속 100개만 가지고 살겠다는 생각은 사실 없지만, 나는 100개 정도로 충분히 살 수 있다는 확신을 얻었다. 여차하면 가뿐해진다는 자신감이 몸과 마음을 가볍게 만들어준다.

생존 능력이 있다거나 집착이 없다는 이유로 100개면 충분하다는 소리를 하는 것이 아니다. 100개로도 1만 개만큼의 충족감을 얻었으니 100개라는 것이 꽤나 괜찮다는 생각을 했다. 무언가를 천천히 만나는 작업은 물건을 사랑하는 방법이나 기쁨을 배우는 시간이었다.

100개의 아이템은 100개의 나를 아는 일

인간에게 필요한 100개의 물건과 내게 필요한 100개의 물건은 전혀 다를 것이다. 내가 진정으로 무엇을 원하는지, 현실적으로 무엇이 있으면 살 수 있는지를 이제껏 알 기회가 없었다. 필요하다고 주입된 것, 혹은 믿었던 것도 많았다.

하나하나 윤곽을 더듬어가는 느낌으로 물건들을 모았다. 물건과 떨어지는 것은 마음의 옷을 벗기는 작업이다. 또한 충분한 시간을 들여 딱 맞는 사이즈의 옷을 고르는 100일간의 작업이었다.

지금까지 그려왔던 자화상… 급하고, 귀찮고, 질리는 이미지를 바꾸는 또 다른 발견도 있었다. 주변 정리술과 시간 활용법을 바꿀 정도로 느긋하게 집중하는 나를 발견했다. 순간 강물처럼 흐르는 마음 깊은 곳에 귀를 기울였다. 시간을 느끼고, 꽃을 장식하고, 일상을 발견하며 살고 싶다는 이상향. 알몸이 되어보길 참 잘한 것 같다.

Life Tip

- 생활을 줄이면 진정 무엇이 필요한지 안다

날것의 생활

100일간의 기록을 실시간 보고하며 많은 의견을 들었다. "나였다면 이건 필요 없어"라든가 "이건 더 일찍 꺼낼 것 같아" 하는 식으로. 이런 무모한 도전에 대해 함께 생각해주는 사람들이 있어 기뻤다.

삶에 필요한 물건을 하나씩 꺼내는 시도는 열 명이 있으면 열 명 모두 다른 결과가 나올 것이다. 나도 다른 계절이나 시기에 이 생활을 시작했다면 이번과는 또 다른 라인업을 완성했을 것이다. 삶도 인간도 날것이니 무엇도 정답은 없다.

아무리 숨겨도 개성은 뿜어져 나올 테니 다른 사람들의 물건을 보고 싶다. 참고로 내 주변에 그 가운데 토기 인형을 선택할 것 같다는 사람이 꽤 있었다.

Life Tip

- 물건 라인업에 개성이 드러난다

마침내 깨달은
생활의 윤곽과 물건의 가치

물건 고르기의 마지노선

원래 있던 소지품인데도 하나씩 꺼내니 선물을 받는 기분이었다. 도전을 시작하고 한동안은 매일 생일 기분이었다. 그런데 후반에 들어서자 그 기쁨이 뚝 끊겼다.

딱히 거들떠보지 않는 수만 개의 아이템과 사는 것과, 고민 끝에 고른 수십 개의 파트너와 사는 것은 무게가 전혀 달랐다. 집에 오면 기척까지 느껴진다. 그들이 나를 바라본다. 하나하나 친밀하게 교제하고, 하나하나 마음을 쏟는 실감이 났다. 여기서 더 늘어나면 어떻게 될까. 용량 초과가 아닐까. 지금보다 사원을 늘리면 월급은 줄 수 있을까. 경영자의 고뇌와도 비슷한 맥락이다. 물건을 가지는 책임은 예상보다 훨씬 무거웠다.

> **Life Tip**
>
> - 고르는 기쁨은 딱 80일이 한계

가지고 싶다는 마음은 에너지가 필요해

왜 갑자기 물건을 늘리는 삶이 즐겁지 않아졌는지 생각해보자. 오늘은 무엇을 고를지 생각하는 것 자체가 조금 귀찮아진 날이었다. 고르고 나면 분명 어제보다 편리한 오늘이 기다린다. 그런데 원하지 않는다. 원하고 말고를 떠나 고르는 행위에 지쳤다. 아무 생각 없이 아마존에서 쇼핑하던 지난날에는 느끼지 못했던 감정이다. 인터넷 쇼핑을 할 때는 고민 없이 물건을 골랐고 이런 스트레스를 느낀 적도 없었다.

심플라이프를 하는 동안에는 기본적으로 열심히 고민하며 물건을 선택하려고 했다. 일단 결정을 하는 편이 실패하더라도 금방 결말을 알 수 있겠다는 생각이었다. 반대로 그런 마음을 꾹 참고 직감을 중시하는 날도 있었다. 그러자 고민에도 결승점이 있다는 이론에 이르렀다. '조금 시간이 걸려도 괜찮아? 정말로?' 하고 묻는 것 자체가 최종 선택을 확고하게 만들었다. 제대로 선택하려면 노력이 필요했는데 그럴수록 물건과의 관계성이 깊어졌다. 객관적인 정답을 내기보다는 시간을 들여 결단하는 과정이 소중한 것이다. 1분 만에 덜컥 고른 물건에서 느껴지는 애착의 차이는 더 말할 것도 없다.

> **Life Tip**
>
> – 제대로 선택하면 애정이 뒤따른다

몇 번째 물건일까?

예전의 나는 귀여운 옷, 모던한 귀걸이, 참신한 문구류, 뭐든지 갖고 싶었다. 이 순간을 놓치면 다시는 없을 거라고. 그래도 심플라이프 챌린지를 거치면서 물욕이 어느 정도 진정은 되었다.

무언가에 꽂혀 충동적으로 사버릴까 생각한 순간, 과연 이것은 100일 동안 꺼낼 몇 번째 물건인지 궁금해진다. 그런 생각에 잠길 때면 아무것도 못 사니까 가끔은 편하게 손을 내밀어도 괜찮다. '정말 오래 사랑할 수 있는가, 내가 관리할 수 있는가'. 이런 관점이 제대로 자리 잡은 것은 꽤나 바람직하다. 어쩌면 이런 생각을 하는 사람이 많나? 그저 내가 맹했을 수도 있다.

10퍼센트의 물건만 있어도 만족스럽다는 점, 남은 90퍼센트의 물건은 생각나지 않았다는 점. 이렇게 턱없이 부족한 관리 능력이 드러난 덕분에 나는 간신히 냉정한 쇼핑 타임을 얻을 수 있었다.

Life Tip

– 물욕을 억제하는 주문은 생각보다 효과적이다

심플라이프의 진정한 의미

제목은 이렇게 적었지만 어폐가 너무 심하다. 인생을 간단하게 만드는 비법은 없다. 쉽게 보면 안 된다. 게다가 미니멀리즘은 생활의 미학으로 볼 수 있지 인생을 생략하고 싶은 사람을 위한 것이 아니다. 그렇다고 심플라이프가 인생을 편하게 한다는 이론이 완전 헛소리라고 단언할 수 없는 부분도 있다.

물건이 적어지면 선택지가 줄어들어서 옷을 입거나 짐을 싸는 고민이 사라진다. 따로 방해하는 것이 없으니 청소와 정리도 편하다. '그거 어디에 뒀더라…' 하고 찾아다닐 필요도 없다. 이렇게 시간에 여유가 생기니 일이나 취미에 몰두할 수 있다. 장점만 한가득이다.

이렇게 생각해보면 나 스스로 몰아붙인 요소가 많았던 것 같다. 이제는 안 입는 옷이나 의미불명의 선물을 사랑한다. 아니, 무의미함도 소중하다. 다만 이와는 별개로 내 처리능력을 이해하고 작업할 수 있는 힌트가 심플라이프에는 많다.

- 인생을 간단하게 만드는 비법은 없다

인생을 초기화하기 위한 도전

인생을 초기화하겠다고 의욕적으로 도전한 것은 아니다. 그런데 결과적으로 그렇게 되었다. 물건을 하나하나 가져오는 삶을 살며 새로운 시작을 실감할 수 밖에 없었다.

특히 냉장고의 기능에 감탄했다. 가위 하나에도 날뛰듯이 기뻤다. 또 생각보다 조용한 밤을 좋아하는 것도 알았다. 가장 낮은 지점에 있는 감성의 토대가 흔들려 매일 다시 태어나는 기분이었다. 지금까지 쌓아 올렸다고 여긴 것을 일단 무너뜨리고, 발밑에서부터 몸의 중심에 오도록 다시 쌓아 올린다. 알아차리지 못한 사이에 조금씩 어긋났던 부분이 시선이 닿지 않는 곳에서 힘겨워했는지 모른다.

알몸인 나는 무엇을 원하는가, 어떻게 생활하고 싶은가. 나 자신의 윤곽과 생활의 윤곽, 양자를 상상할 수 있어 큰 의미가 있었다. 바꿔 말하면 심플라이프가 아니더라도 이 2가지만 재정의하면 사람은 언제나 가볍게 인생을 초기화할 수 있다.

- 심플라이프는 색다른 발견을 선사한다

마침내 깨달은
생활의 윤곽과 물건의 가치

물건을 고를 때와 선물을 고를 때의 차이

도전 마지막 날은 크리스마스였다. 매일 물건을 선택하느라 지쳤는데 가족에게 주는 선물을 고를 때는 이런 특별한 상황도 즐거웠다. 곤충 무늬 잠옷과 파란 헬멧을 들키지 않게 깊숙이 감춰두었다. 며칠 전부터 동태를 살펴가며 선물들이 잘 있는지 확인했다.

선물의 즐거움까지 빛이 바래지 않았던 이유는, 나를 위해서 고르는 일에 지쳤기 때문이다. 나는 원래 선물 주기를 좋아하는 성격이다. 물건을 살 때는 시간을 들이기 싫어도, 선물을 할 때는 오래 고민하고 싶다. 그렇지만 심플라이프가 어쩌고저쩌고하면서 정작 타인에게 물건을 들이밀어도 되나 걱정스러웠다. 편하게 처분해도 좋다고 말은 하지만 상대 처지에서는 버리기가 쉽지 않다. '잼병 하나도 폐기하기 어려운걸.'

상대의 취향을 완벽하게 파악했다고 자신했을 때 외에는 주로 흔히 소비할 수 있는 품목을 골랐다. 예를 들면 먹거리나 핸드크림 같은 것들이다. '선물 고르기는 즐거워'라는 기분에 '내가 받지 않으니까'라는 마음이 섞이지 않기를 바란다. 가끔 무책임해서 즐거운 깜짝선물도 있겠지만 말이다.

Life Tip

- 받는 것보다 주는 것의 기쁨이 크다

'갖고 싶은가'보다 더 중요한 '있고 싶은가'

'가지고 싶다'는 마음과 매일 마주한 100일이었다. 그리고 이 최초의 감정은 생각보다 절실했다. 아프다, 춥다, 자랐다 등등. 머리로 판단한 다기보다 몸의 소리에 귀를 기울이는 형식이었다. 그러다 점차 이렇게 하면 편할 것 같다고 상상하면서 물건을 골랐고, 후반으로 갈수록 몸보다 정신이 원하는 것을 더 찾게 되었다.

특히 꽃병을 꺼내겠다고 마음먹었을 때 이런 마음이 현저하게 들었다. 꽃병으로 밥을 먹을 수도 없고, 꽃병으로 몸을 쉬게 할 수도 없다. 그래도 반드시 꽃병을 갖고 싶었다. 아니, 꽃병이 있는 생활이 좋다고 생각했다. 편리한 물건에만 둘러싸인 생활이 되자 어쩐지 재미없다는 느낌을 받았달까?

도구를 새로이 맞이하는 것은 생활을 디자인하는 일이며, 가지고 싶다는 감정은 어떻게 살고 싶은지의 문제로 이어진다. 고고한 의식과는 별개로 몸과 마음은 존재의 형태에 대한 이상향을 늘 가지고 있다.

> **Life Tip**
> – 어떻게 있고 싶은가로 물건을 고를 수 있다

인간이 진정 바라는 쾌적함의 형태

토기 인형은 있는데 가방이 없다. 밥솥은 없는데 전기 조리기가 있다. 남이 보기에는 왜 저러나 싶을 수 있다. 그러나 인간이 각기 다른 것처럼 쾌적함 또한 각기 일그러진 형태다.

막 독립한 청년들을 위한 1인용 자취 세트처럼 엄선한 물건이 있어도 다들 고개를 저을 것 같다. 이것만 있으면 아무 걱정 없다는 말에 충실히 따르다 보면 나만의 삶을 잃을 가능성이 있기 때문이다.

사실은 필요하지 않았던 물건이 더 많았다. 물건을 쟁여두는 성격 탓도 있었지만 필요하다고 주입받은 물건도 있었다. '어쩌면 있는 게 당연해', '보통은 가지고 있잖아' 같은 식으로. 앞으로는 이러한 믿음을 없애고 나에게 딱 맞춘 생활을 즐기고 싶다.

> Life Tip
> - 원하는 것을 고를 땐 자신의 기쁨에 충실할 것

소중한 물건을 평소 사용하는 행복

반드시 필요한 물건을 하나 고르는 것은 여러 장르에서 넘버원을 고르는 셈이었다. 예를 들면 접시가 그랬다. 평소 사용 빈도가 높았던 접시를 고르려다가 '이게 제일 좋나? 아니, 그건 아니지' 하는 기분이 들었다. 사실 내가 제일 많이 쓰던 접시는 깨져도 상관없다고 여기던 것이었다.

한정된 물건 중에 너로 정했다고 말할 수 있는 상대는 꼭 가슴 뛰는 물건이었으면 한다. 그래서 일부러 용기를 내 아까워 쓰지 못했던 물건을 열심히 골랐다. 결과는 최고였다. 매일 신바람을 넘어 대흥분 상태랄까. 하루하루 소중한 물건을 쓰는 것은 매일을 소중히 여기는 하나의 메시지가 된다.

- 소중한 물건 쓰기가 매일을 귀하게 한다

계절에 따라 바뀌는 가전제품의 중요도

가전제품을 고르는 날이면 매번 어떤 혁명적 사건이 일어났다. 냉장고는 타임머신이고 세탁기는 타임 보자기. 애니메이션 '도라에몽'에 나오는 물건을 예시로 드는 이유는 22세기 기술을 얻었다 해도 좋을 만큼 감동했기 때문이다. 시간을 조정하는 힘을 손에 넣었다. 다만 어떤 물건이 넘버원이었는지 묻는다면 계절에 따라 다르다고 대답하겠다.

여름이라면 냉장고? 식재료는 아니다. 평소 실온 보관을 하는 과일이나 채소도 한여름에는 그냥 두기 무서워진다. 음식을 보관할 수 없어 그때그때 마련하느라 허둥거린다. 겨울이라면 세탁기가 최고다. 옷이 없으면 손빨래도 괜찮지만, 한겨울에 손빨래는 힘들 것이다. 선풍기야 당연히 더울 때만 쓰는 여름용 가전제품이고, 오븐처럼 처음 겨울용 가전제품이라고 생각한 물건도 있었다.

이처럼 물건의 중요도가 바뀔 만큼 계절은 생활에 큰 영향을 미친다. 이 놀라운 사실을 오늘에서야 알았다.

- 여름에는 냉장고, 겨울에는 세탁기가 최고다

마침내 깨달은
생활의 윤곽과 물건의 가치

도구를 얻는 것은 몸을 개조하는 일

하루 1개의 물건을 얻는다는 것은 하루 1개의 능력이 늘어나는 것과 같다. 가위를 갖기 전에 나는 무언가를 정확하게 자를 수 없었다. 하지만 가위를 쥐는 순간 절단하는 기술을 탑재한 능력자가 되었다. 도구는 단순한 물건이 아니다. 도구는 몸을 확장한다. 국자가 있으면 오른손이 길어져 뜨거운 국물도 마음껏 뜰 수 있다. 또 세탁기를 가지고 있는 나는 손가락 하나로 다섯벌의 옷을 빨 수 있다. 슈퍼맨이다. 물건을 단순한 물건으로 취급하지 말자. 평범한 사람의 능력을 증폭시켜주는 마법이다.

> **Life Tip**
>
> - 1개의 물건이 곧 1개의 능력을 뜻한다

능력과 기술은 별개의 것

자르는 능력과 자르는 기술은 다르다. 가위와의 재회가 신선하다 못해 모든 것을 잘라내는 능력자의 기분이었다.

그런데 사실 내가 얻은 것은 자르는 '능력'이 아니라 자르는 '권리'라고 표현하는 편이 옳았다. 그냥 쓸 수 있는 것과 자유롭게 쓰는 것은 다른 문제였다. 기분에 취해 직접 머리카락을 잘랐다가 보기 좋게 실패했다. 어렸을 때 호기심으로 인형의 머리를 잘라놓고 후회했을 때의 기분이었다.

도구는 몸에 새로운 능력을 부여한다. 하지만 그 능력을 자유자재로 쓸 수 있는가는 오직 자기 자신에게 달렸다.

갖고 싶은 마음이 정보를 불러온다?

도구를 가지고 싶은 마음 다음으로 정보를 원하는 감정이 따라왔다. 특히 적은 조리도구로 음식을 하겠다고 결심했을 때 요리책이 간절했다. 지식을 얻는 방법은 사람마다 다른데 나는 알짜배기 정보는 책에서 구한다.

지금의 도구는 고도로 진화해서 갖추고 있어도 쓰지 못하는 물건들이 많다. 모처럼 얻은 도구를 손발처럼 능숙하게 다루려면 어쨌든 정보와 숙련도가 중요하다. 게다가 지적 호기심도 무시 못 할 기본 욕구이다. 살아가려면 역시 정보가 필요하다.

제로에서 시작하지 않는 인생

인생은 제로에서 시작하지 않는다. 가족들이 준비한 도구에 둘러싸여 생활을 시작하고, 그 후 성장에 따라 스스로 얻는 것이 보통이다. 그러니 기본적인 도구와는 '만남'이라는 단계를 거치지 않았다.

마침내 깨달은
생활의 윤곽과 물건의 가치

냉장고, 세탁기, 칫솔, 침구, 냄비 등등. 깨닫고 보니 당연하게 쓰고 있었던 터라 그 물건의 유무에 따른 불편이나 진보를 느낄 타이밍이 없었다. '물건에 대한 고마움'이라는 단순한 말로 정리하기에는 아까울 정도로 고유의 역할이 있었다. 단지 눈에 익숙해져 보이지 않았을 뿐 생활의 충족감이나 행복도는 주변 어디에나 스며 있다.

물건에 존재하는 공통의 감정

금세 질리기로 1등을 달리는 나는 그 순간이 설렘의 소비기한이라고 여겼다. 새로 산 옷, 장비, 인테리어. 처음에는 보이기만 해도 기분이 좋은데, 한 달쯤 지나면 생활에 완전히 스며든다.

그런데 일단 모든 것을 내려놓은 후에 재회했더니, 지금까지 좋다고 느낀 적 없는 물건들에도 기쁨을 느꼈다. 100일이 지난 지금도 그 기분이 이어진다. 냉장고가 있어서 기쁘다. 손톱깎이를 사랑한다. 바디워시는 편리하다. 그런 감정에 질리거나 익숙해지지 않아 놀라울 따름이다.

사실 질린다고 생각했을 때도 설레는 마음이 흐릿해졌을 뿐이다. 물건이 넘쳐흐르는 방, 정보로 복잡해진 머리, 선택도 결과도 없는 바쁜 시간. 그런 복합적인 요인들이 도구에서 기쁨을 얻는 나의 감성을 흐리게 했다.

망각이 꼭 나쁘지만은 않을 때도 있다. 이렇다 할 설렘은 없어도 곁을 지켜주는 도구가 있기 때문이다. 무언가를 만났을 때의 기쁨은 그 거리감 속에 녹아 있다고 상상만 해도 충분할 때가 있다.

- 때로는 심플라이프가 살림의 기쁨을 알려준다

친환경의 본질은 '잘 쓰는 것'

지구를 보존하고 싶다. 물론 아직 삶에 그런 지속 가능한 정신을 도입하지는 못했다. 특히 최근 몇 년간은 가족이 늘기도 해서 망가져 버리는 물건에 대처하느라 친환경은 도외시했다. 비닐봉지와 플라스틱을 미친 듯이 써댔다. 또 짐이 많으면 싫으니까 전부 여행지에서 새로 샀다. 도구는 금방 소모된다. 그럼 또 산다.

일단 물건과의 관계를 한번 끊어내자 삶 자체도 초기화된 기분이었다. 하나하나 조립해가는 과정을 겪으며 낭비의 삶을 후회하고 도구를 소중히 여기기 시작했다. 그러자 앞으로는 물건의 소비와 소모를 억제할 수 있다는 자신감이 들었다. 랩은 필요 없다. 종이 타월은 빨아서 써보자. 또 테플론 프라이팬은 피하는 것이 좋다.

친환경의 본질은 원래 제한하거나 줄이는 것이 아니었다. 도구를 훨씬 더 잘 사용하고 기분 좋게 생활하는 것, 그 연장선이 '지속 가능한 정신'이다.

마침내 깨달은
생활의 윤곽과 물건의 가치

물건의 세계에 장력이 작용하는 이유

100일간 지내면서 랩이 필요하지 않았던 이유는 전자레인지가 없어서였다. 옷걸이가 필요하지 않았던 이유도, 신발 하나로 충분했던 이유도 옷이 몇 벌 없었기 때문이다. 그것이 전부다. 물건은 물건을 부른다.

대량의 물건을 잘 수납하고 싶은 마음에 수납 상자부터 대량으로 산 경험을 셀 수 없이 반복했다. 무슨 무슨 커버, 무슨 무슨 케이스, 무슨 무슨 홀더 같은 것들이 그렇다. 물건은 있으면 있을수록 늘어나는 법칙이 적용된다. 100개로 충분하다고 생각한 이유는 그 100개가 물건을 부르지 않은 덕분이다. 1,000개로 생활하려고 했다면 500개를 더 불렀을 가능성이 있다. 물론 1,000개도 충분히 적은 양이다.

이렇게 물건에는 당기는 힘이 있다. 내가 원하는가 물건이 원하는가, 가끔은 멈춰 서서 생각하고 싶다.

텅 빈 나도 '나'라는 깨달음

'삶은 물건으로 이루어진다'와 '삶은 물건으로 이루어지지 않는다'는 모두 옳은 말이라고 생각한다. 아무것도 없는 공간에서 살았을 때 나까지 텅 빈 기분이었다. 인생이 녹아든 도구들과 떨어지자 흡사 신체가 분리된 기분이었다. 도구는 이처럼 고귀하다. 도구를 만들어내 함께 쓰는 것이 어쩌면 인간이 인간다울 수 있는 이유다.

한편 아무것도 없음에 익숙해지자 오히려 이대로도 좋다는 생각이 샘솟았다. 물건 안에 나는 없다. 텅 빈 자아도 나라는 긍정적인 깨달음. 이 감각을 느끼면 의젓하게 살 수 있겠다는 자신감이 든다. 심플라이프를 통해 상반된 2가지 본질을 알았다.

> **Life Tip**
>
> – 인간의 적응력은 물건과 관련이 없다

관리 허용 개수

쇼핑도 좋아하고 수집도 좋아한다. 새로운 장비도 마찬가지다. 언제 입고 어떻게 빨까 싶은 옷도 가지고 싶다. 생활에 편리한 도구도 좋아해서 똑같은 믹서기가 부엌에 2개나 있다. 60퍼센트 할인으로 산 제면기는 딱 한 번 썼다. 그래서 아깝기도 하고 어떻게 버려야 할지 몰라 그대로 선반 안에 넣어두었다.

그런 것들을 전부 다 쓸모없는 물건이라고 버리기는 싫다. 쓰지 않은 것도 추억이다. 다만 이번 기회에 현실적인 문제로 알았는데 내 관

마침내 깨달은
생활의 윤곽과 물건의 가치

리 능력이 생각보다 작았다. 그 개수가 한계를 넘어서는 시점이 오면 존재조차 기억하지 못했다.

개수를 줄이게 되면 전부를 사랑할 수 있다. 또 마음에 드는 감정이 지속된다는 사실도 이번 도전을 통해 알았다. 아마 앞으로도 쓸모없는 물건을 살 것이다. 개인의 총량을 머리에 잘 입력해두어야겠다. 갑자기 실천하지는 못하겠지만 조금씩, 아주 조금씩 해봐야겠다. 아예 수납 장소가 적은 집에 살아볼까도 싶다. 의지가 약해서 환경으로 상황을 끌어가는 편이 적성에 맞는다.

> **Life Tip**
>
> - 개수를 줄이는 것도 관리 방법 중의 하나다

다시 시작하는 생활의 기쁨

심플라이프는 멋있었다. 그렇다고 미니멀리스트로 살겠다는 생각은 일단 지금은 없다고 확실히 말할 수 있다. 미니멀리스트는 쿨하다. 당연히 이를 부정할 생각도 없다. 앞으로도 동경심을 가지고 적게 가지는 생활의 정수를 일상에 도입하고 싶다. 사람은 적성이나 시기, 환경 등 다양한 조건이 갖춰졌을 때 비로소 미니멀리스트가 될 수 있다. 미니멀리스트야말로 올바른 자세인 것도 아니거니와 맥시멀리스트라고 결코 나쁜 것도 아니다.

생생한 삶의 질감을 100일 동안 경험으로 얻었다. 물건을 줄이겠다고 무조건 결심하는 것보다 그런 실감을 하나도 버리지 않는 쪽이 중요하다. 없어도 괜찮은 물건은 앞으로 조금씩 줄이면 된다.

'미니멀리스트'도 '맥시멀리스트'도 요즘은 유행과 어우러져 특정한 사람들처럼 여겨질 때가 있다. 그런 식으로 시선의 야유를 받는 것은 어쩐지 끔찍하다. 그냥 각자 하고 싶은 대로 살았으면 좋겠다. 진짜 본질은 하는 일의 내용보다 삶의 고삐를 자신이 쥐고 있느냐에 있다.

오랜 습관에 매몰된 감성을 파헤치기 위해 전혀 다른 스타일을 도입했더니 더할 나위 없는 계기가 되었다. 심플리스트가 되지 않아도 좋다. 정반대의 주장을 하는 것 같지만 때로는 뭐라도 다시 시작하는 생활의 기쁨을 체험해봤으면 좋겠다.

> Life Tip
>
> – '줄이는 다짐'보다 '줄이는 감각'이 중요하다

옮긴이 이소담

동국대학교에서 철학을 공부하다가 일본어의 매력에 빠졌다. 읽는 사람에게 행복을 주는 책을 우리말로 아름답게 옮기는 것이 꿈이자 목표다. 현재 출판번역 에이전시 소통인공감에서 일본어 전문 번역가로 활동 중이다.

지은 책으로 《그깟 '덕질'이 우리를 살게 할 거야》가 있으며, 옮긴 책으로는 《다시 태어나도 엄마 딸》, 《1일 1채소, 오늘의 수프》, 《그런 날도 있다》, 《빵과 수프, 고양이와 함께하기 좋은 날》, 《서른두 살 여자, 혼자 살만합니다》 등이 있다.

사는 데 꼭 필요한 101가지 물건

2022년 10월 6일 초판 1쇄 발행

지은이 후지오카 미나미 **옮긴이** 이소담
펴낸이 최세현, 박시형

책임편집 윤정원 **디자인** 정아연
마케팅 권금숙, 양근모, 양봉호, 이주형 **온라인마케팅** 현나래, 신하은, 정문희
디지털콘텐츠 김명래, 최은정, 김혜정 **해외기획** 우정민, 배혜림
경영지원 홍성택, 이진영, 임지윤, 김현우, 강신우
펴낸곳 (주)쌤앤파커스 **출판신고** 2006년 9월 25일 제406-2006-000210호
주소 서울시 마포구 월드컵북로 396 누리꿈스퀘어 비즈니스타워 18층
전화 02-6712-9800 **팩스** 02-6712-9810 **이메일** info@smpk.kr

© 후지오카 미나미(저작권자와 맺은 특약에 따라 검인을 생략합니다)
ISBN 979-11-6534-472-6 (13590)

쌤앤파커스(Sam&Parkers)는 독자 여러분의 책에 관한 아이디어와 원고 투고를 설레는 마음으로 기다리고 있습니다. 책으로 엮기를 원하는 아이디어가 있으신 분은 이메일 book@smpk.kr로 간단한 개요와 취지, 연락처 등을 보내주세요. 머뭇거리지 말고 문을 두드리세요. 길이 열립니다.